Helmut Zedelmaier | Michael Kamp

Hellabrunn

Geschichte und Geschichten
des Münchner Tierparks

Bassermann

Inhaltsverzeichnis

Vorwort: 100 Jahre Tierpark München ... 5

Tiere schauen ... 7
Mensch und Tier ... 8
Die Tradition der Zoos ... 13

Ein Tierpark für München ... 41
Anfänge ... 42
Neubeginn ... 59
Kriegs- und Nachkriegszeiten ... 73
»Drittes« Hellabrunn ... 90

Gegenwart und Zukunftsvision ... 123

100 Jahre: Chronologie 1911–2011 ... 137

Anregende und weiterführende Literatur ... 141
Dank ... 142
Register ... 143
Bildnachweis / Impressum ... 144

Tierpfleger aus der Anfangszeit des Tierparks Hellabrunn, damals wurden Tierpfleger noch »Wärter« genannt und trugen Uniformen.

Vorwort
100 Jahre Tierpark München

Wenige Orte sind so beliebt wie Zoos. Andere Kultureinrichtungen der Moderne erreichen meist nur einen bestimmten Ausschnitt der Gesellschaft. Im Zoo dagegen sind wir beinahe alle schon mal gewesen. Ganz unterschiedliche Menschen aus allen sozialen Schichten besuchen Zoologische Gärten: Familien, Liebespaare, Einzelgänger oder Senioren.

Die meisten der heutigen Zoos gehen auf das 19. Jahrhundert zurück. Damals etablierten sich viele Institutionen moderner Freizeitkultur, in denen der Städter Erholung von den Routinen der Arbeitswelt sucht: Theater, Konzerthallen, Museen, Sportanlagen, Vergnügungsparks und eben auch Zoologische Gärten.

München erhielt erst spät, im Jahr 1911, einen Zoo – alle früheren Zooprojekte in München waren gescheitert. Auch Hellabrunn hatte eine Zeit der Krise zu überstehen, denn 1922 musste es seine Tore schließen. Doch die Münchner wollten auf ihren Tierpark nicht mehr verzichten, und so wurde Hellabrunn 1928 wieder geöffnet und entwickelte sich bald zu einem der attraktivsten Zoos weltweit.

Dieses Buch entstand anlässlich des 100. Geburtstags des Tierparks im Jahr 2011. Es erzählt von der Historie des Tierparks und stellt ihn zugleich in einen größeren Zusammenhang. Am Anfang steht deshalb ein Abriss zur Entwicklung der Beziehungen zwischen Mensch und Tier, verbunden mit Ausführungen zur Tradition der Zoologischen Gärten. Der Mittelteil bietet einen historischen Rundgang durch den Tierpark. Er zeigt, wie Hellabrunn sich im Lauf der Zeit verändert hat, wie neue Tiergehege und Zooideen entstanden, aber auch, welche Geschichten mit der Geschichte des Tierparks verbunden sind. Ein Blick auf die Gegenwart und ein Ausblick auf die Zukunft beenden das Buch.

Vor zehn Jahren bereits haben die Autoren ein Buch zur Geschichte Hellabrunns herausgegeben. Seitdem ist das Interesse an der Zoogeschichte stark gewachsen. Das vorliegende Buch erzählt die Tierparkgeschichte Hellabrunns allerdings nicht mit dem Anspruch größtmöglicher Vollständigkeit. Wer sich genauer informieren will, der sei auf das umfassendere Vorläuferwerk verwiesen. Dieses Buch will die Tierparkgeschichte in einzelnen Vignetten vor Augen führen. Wie bei einem Tierparkbesuch ist die Verweildauer an einigen Orten länger, andere Bereiche werden nur gestreift. Wir wünschen unseren Lesern einen kurzweiligen und vergnüglichen historischen Ausflug nach Hellabrunn.

Mädchen vor dem Löwenkäfig, Gemälde aus dem Jahr 1901 von Max Slevogt.

Tiere schauen

In Zoologischen Gärten begegnen sich Mensch und Tier. Welchen besonderen Regeln diese Begegnung folgt, verrät viel über das Verhältnis von Mensch und Tier, auch darüber, wie sich dieses Verhältnis im Lauf der Geschichte verändert hat.

Mensch und Tier

Sein Selbstverständnis zieht der Mensch aus der Abgrenzung zum Tier. Unterschiedliche Grenzen wurden im Lauf der Geschichte gezogen. Doch ob nun Sprache, aufrechter Gang oder, wie heute, der genetische Code diese Grenze ausmachen, immer gilt: Der Mensch erfährt sich als Mensch, indem er sich im Unterschied zum Tier sieht, sich von ihm abgrenzt.

Der Zoo als Grenzerfahrung

Zoologische Gärten sind Einrichtungen, in denen die Grenze anschaulich wird. Auf der einen Seite Zoobesucher, die neugierig herumstreifen, auf der anderen Seite, in Gehegen eingeschlossen, Tiere, deren Anderssein den Besuchern vor Augen geführt wird. Zoos spiegeln das Verhältnis von Mensch und Tier. Im Laufe der Geschichte unterlag dieses Verhältnis großen Veränderungen. Unbestritten war lange die Herrschaft des Menschen über Tiere,

Innenhof der 1936 eröffneten Hellabrunner Menschenaffenstation, damals ein Spielplatz für Menschenaffenkinder.

wie es im Schöpfungsbericht der Bibel zum Ausdruck kommt: Den Menschen sei es aufgetragen, zu »herrschen über die Fische im Meer und über die Vögel unter dem Himmel und über das Vieh und über alle Tiere des Feldes und über alles Gewürm, das auf Erden kriecht« (1.Mose 1.1).

Heute wird die Herrschaft des Menschen über Tiere vielfach kritisiert. Ja, Tierrechtler wie der Philosoph Peter Singer fordern für Menschenaffen Menschenrechte, das Recht auf Leben, den Schutz individueller Freiheit und das Verbot von Folter. Doch auch wenn Tieren Rechte zugebilligt werden und sie heute gewöhnlich nicht mehr bloße Objekte menschlicher Willkür sind, sind sie doch weiterhin in ihrer »Haltung« durch den Menschen Regeln unterworfen, die von Menschen gemacht werden. Das zeigt besonders ihre Rolle als Nahrungsmittellieferanten. In modernen Gesellschaften werden die Praktiken, die aus Tieren Nahrungsmittel produzieren, den Augen der Menschen weitgehend entzogen. Überhaupt hat der moderne Mensch selten unmittelbar mit Tieren zu tun. Für den englischen Schriftsteller und Maler

John Berger ist dieses »Verschwinden der Tiere aus dem täglichen Leben« einer der Gründe für die Entstehung öffentlicher Zoos im 19. Jahrhundert.

Wie wir Tiere wahrnehmen

Wie wir Tiere wahrnehmen, ist abhängig von Erfahrungen, die wir mit ihnen machen, auch davon, welche Rolle Tiere für den Menschen spielen, ob es sich etwa um Haus- und Nutztiere oder um Wildtiere handelt. Wer täglich mit Tieren umgeht, wird sie anders sehen als jemand, der Tiere vor allem aus dem Zoo kennt. Unsere Wahrnehmung von Tieren ist aber auch von Mustern geprägt, die jenseits konkreter Erfahrung liegen und dem Wandel der Zeiten unterliegen. Sie sind abhängig von der jeweiligen Gesellschaft, Lebenswelt und Kultur, in der wir leben. Pferd und Hund galten etwa im viktorianischen England als »gute Tiere«, da sie dem Menschen vorbildlich dienen, Schwein und Katze dagegen als »schlechte Tiere«, da sie sich nur schwer dem Menschen unterordnen. Wildtiere wiederum verstand man als Teil einer widerspenstigen Natur, die unterworfen werden musste. Überhaupt bestimmte im Europa der kolonialen Eroberungen die Vorstellung der »wilden« Natur, die beherrscht werden

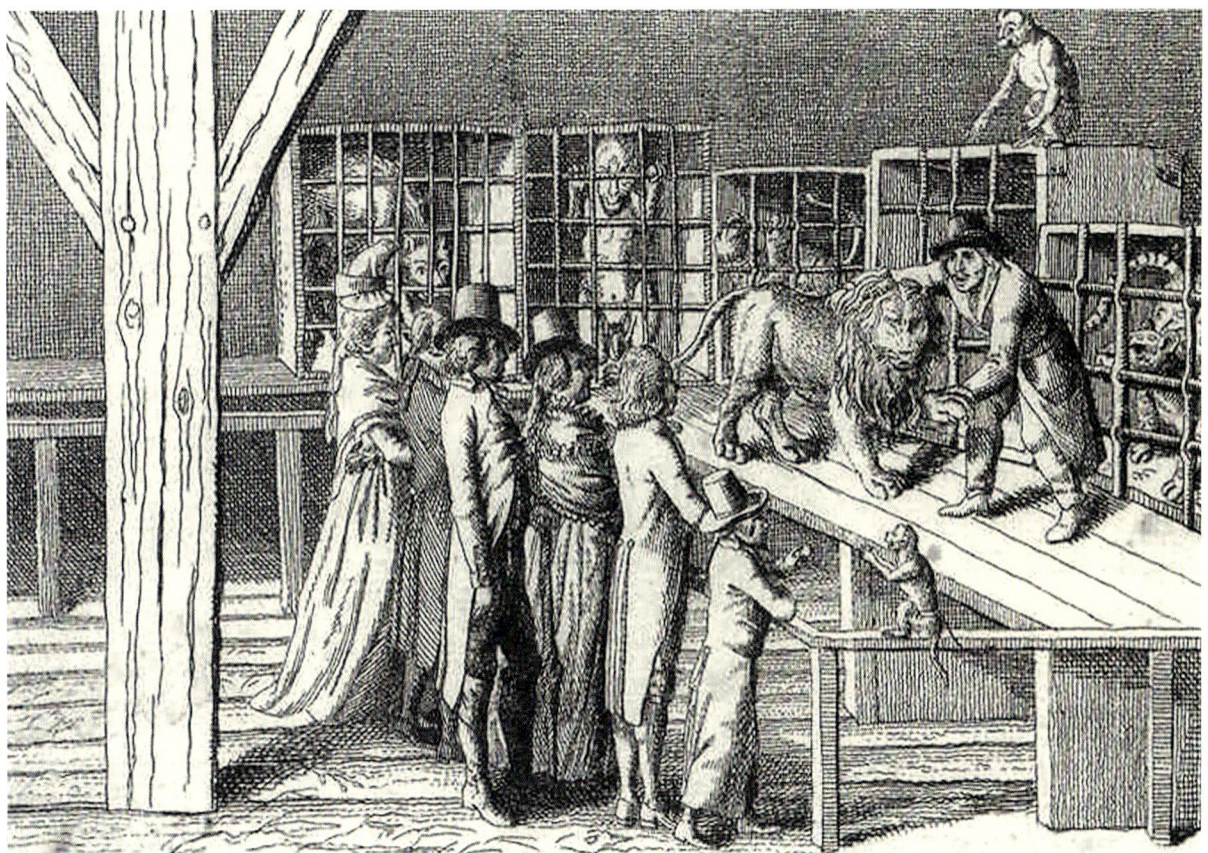

Der beherrschte Löwe. Wandermenagerie um 1800. In der Bildunterschrift heißt es: »Der Löw vergißt den Grimm, / Folgt seines Herrn Stimm, / So gar der Tyger wird besiegt, / Daß er sich vor dem Menschen schmiegt«.

musste, die Wahrnehmung exotischer Wildtiere, auch in den entstehenden Zoologischen Gärten. 1877 konnte man etwa in einem Zeitungsbericht über die Menagerie in Schönbrunn bei Wien lesen: Zehntausende hätten vergangenen Sonntag die Menagerie besichtigt, »um wieder einmal die Raubmörder aus dem Thierreiche zu sehen, die hier ihre lebenslängliche Kerkerstrafe absitzen«.

Von der Bestie zum Liebling

Das Beispiel der Affen verdeutlicht die Veränderung im Wissen und in der Einstellung gegenüber außereuropäischen Wildtieren. Bereits in der Antike wurden Affen als Wesen gesehen, die zwischen Mensch und Tier stehen. Bis in die Neuzeit hinein galten sie als Sinnbilder tierischer Lust, Aggression und Bösartigkeit, als Gegenbilder menschlicher Moral und Zivilisation. Menschenaffen wurden erst im 17. Jahrhundert entdeckt und gelangten bis ins 19. Jahrhundert nur sehr selten nach Europa. Noch im 18. Jahrhundert kannte man sie vor allem aus mythischen Überlieferungen und Reiseberichten, kaum aus eigener Anschauung und Erfahrung. Oft wurde der Menschenaffe als wilder Waldmensch beschrieben, den Carl von Linné (1707–1778), der Begründer der modernen zoologischen Klassifikation, gemeinsam mit dem Menschen in einer Ordnung zusammenfasste, ohne allerdings je einen tatsächlichen Menschenaffen gesehen zu haben.

Gorilla Abducting a Woman. Steinstatue, Schwarzweißfoto. Emmanuel Fremiet (1824–1910) / Jardin des Plantes, Paris, France.

Schimpanse, Gorilla, Orang-Utan und Bonobo, die vier Menschenaffenarten, lernte man erst im Laufe des 19. Jahrhunderts unterscheiden. In europäischen Zoos waren Menschenaffen dann vereinzelt seit der zweiten Hälfte des 19. Jahrhunderts zu besichtigen, doch bis in das 20. Jahrhundert hinein überwiegend nur als Jungtiere und für kurze Zeitspannen, da die Tiere wegen der fehlenden Kenntnisse über ihre adäquate Haltung schnell starben. Auch dann, als man Menschenaffen vereinzelt tatsächlich in Europa sehen und wissenschaftlich untersuchen konnte, war ihre Wahrnehmung und Beschreibung weiterhin vom traditionellen Klischee des bestialischen Ungeheuers geprägt.

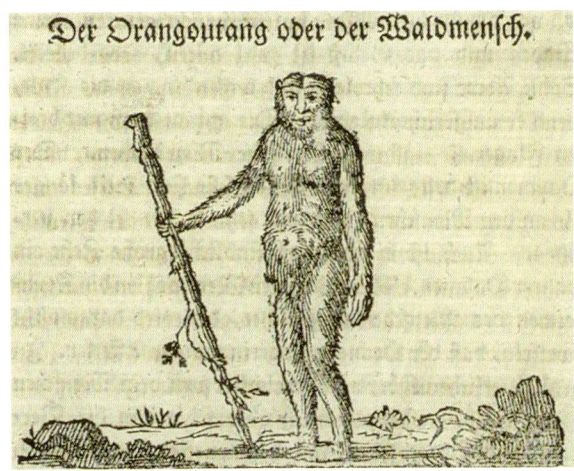

Wilder Waldmensch. Ein Orang-Utan, wie man sich ihn 1808 vorstellte.

Den nach der Überlieferung ersten Gorilla, der 1855 lebend nach Europa gelangte – er wurde in einer Menagerie als Schimpanse vorgeführt –, stopfte man nach seinem schnellen Tod aus. Mit zwei Hörnern versehen, stellten ihn Katholiken unter dem Titel »Martin Luther« als abschreckendes Bild des konfessionellen Gegners aus. Der Brockhaus von 1884 beschrieb den Gorilla als »eins der scheußlichsten Geschöpfe, das man sich vorstellen kann«. In »King Kong«, dem Filmklassiker aus dem Jahr

Der Gorilla als Liebling. Flachlandgorillaweibchen »Bagira« mit ihrem Sohn »Kajolu«, geboren am 8. Dezember 2009 im Tierpark Hellabrunn.

1933, lebt der Gorilla als Ungeheuer fort. Dass sich die Wahrnehmung des realen Gorillas von seiner Kunstfigur als Bestie heute gelöst hat, verdankt sich den Erfahrungen, die seit der zweiten Hälfte des 20. Jahrhunderts bei der Beobachtung frei lebender Gorillas gemacht wurden, aber auch den Erfahrungen mit Gorillas im Zoo, deren Lebensdauer im Laufe des 20. Jahrhunderts bedeutend verlängert werden konnte. Daraus ergaben sich Biografien von Zoo-Gorillas, die zusammen mit den Filmberichten über frei lebende Gorillas eine breite Öffentlichkeit erreichten. Gorillas, besonders Gorillababys, gehören heute zu den Lieblingen im Zoo. Doch nicht nur gegenüber Menschenaffen hat sich die Einstellung gewandelt. So wie die westliche Gesellschaft und Kultur sich im 20. Jahrhundert radikal verändert hat, gilt das auch für ihr Verhältnis zu Tieren. Wenn heute über exotische Wildtiere geredet und geschrieben wird, stehen nicht mehr Herrschaft und Naturbewältigung, vielmehr Arten- und Naturschutz im Zentrum.

Tiere können nicht für sich selbst sprechen

Lange beanspruchte der Mensch, nur er allein habe Geschichte. Tiere kamen in dieser Geschichte, wenn überhaupt, nur am Rande vor. Doch was wäre die Geschichte des Menschen ohne Tiere? Ohne Tiere keine Zivilisation, keine Entwicklung der Landwirtschaft, keine Entdeckungen, auch, entgegen der landläufigen Auffassung, keine Industrialisierung und moderne Urbanisierung. So war es das Pferd, das am Beginn der Industrialisierung für die notwendige Zugkraft sorgte. Erst im 20. Jahrhundert ersetzten neue Transport- und Militärtechniken das Pferd. Noch im Ersten Weltkrieg wurden allein auf deutscher Seite rund eine Million Pferde Opfer des Krieges. Tiere und die Rolle, die sie in der Geschichte des Menschen spielen, rücken seit einigen Jahren verstärkt in den Fokus der Geschichtsschreibung. Auch einzelne Tierarten wie Katze, Hund, Nashorn oder Löwe werden zu Gegenständen von historischen Untersuchungen. Schreiben und sich mittels Bildern ausdrücken kann allerdings nur der Mensch. So wissen wir über Tiere der Vergangenheit auch nur das, was Menschen über sie geschrieben und überliefert haben. Die Tiere selbst bleiben stumm. Nur über die Beschreibung der Menschen werden sie in der Geschichte lebendig.

Pferde im Kriegseinsatz, »gewürdigt« auf einer Kriegspostkarte aus dem Ersten Weltkrieg.

Die Tradition der Zoos

Die Geschichte der Zoos zeigt, wie sich das Verhältnis von Mensch und Tier verändert hat. Doch gewandelt hat sich weniger, welche Tiere im Zoo gezeigt werden, als vielmehr die gesellschaftlichen Bedingungen, unter denen sie gezeigt und angeschaut werden.

»Fremde Thiere«. Abbildung aus einem »Bilderbuch für kleine Leute, die die Welt noch nicht kennen« von 1822.

Fürstliche Menagerien

Zurschaustellungen von wilden Tieren haben eine lange Geschichte. Vor dem 19. Jahrhundert dienten sie vor allem der Demonstration fürstlicher Macht. Einprägsam führt das die Anlage vor Augen, die der französische Sonnenkönig Ludwig XIV. 1664 als Bestandteil der Parkanlage in Versailles errichten ließ. Die so genannte »Menagerie« in Versailles war streng geometrisch gegliedert. Die Tiergehege gruppierten sich im Halbkreis um ein Lustschloss im Zentrum, von dem aus der exklusive adelige Besucherkreis die Tiere überschauen konnte. Die Tiere repräsentierten eine dem Herrscherwillen unterworfene, gebändigte und in Ordnung gebrachte Natur. Mit dem Prestige des Sonnenkönigs verbreitete sich auch der Ruf seiner Menagerie. Sie wurde zum Vorbild von fürstlichen Menagerien in ganz Europa.

Blick auf die königliche Menagerie im Schlosspark von Versailles zur Regierungszeit Ludwigs XIV. (1643–1715).

Vorbild Versailles

So gründete Kaiser Franz I. Stephan 1752 in Schönbrunn bei Wien eine Menagerie nach dem Vorbild von Versailles. Schönbrunn ist der älteste noch heute existierende Zoologische Garten. Zwar wurde er im Laufe der Zeit wesentlich umgestaltet und erweitert, doch sein architektonischer Ausgangspunkt mit dem barocken Pavillon im Zentrum ist noch heute erhalten.

Der sogenannte »Kaiserpavillon« im Tiergarten Schönbrunn bei Wien, Relikt aus der Gründungszeit der 1752 errichteten Menagerie Schönbrunn.

Auch der bayerische Kurfürst Max Emanuel plante bereits 1695 eine Menagerie für Schloss Schleißheim. Doch erst 1770 wurde eine fürstliche Menagerie auch tatsächlich erbaut, unter Kurfürst Max III. Joseph im Nymphenburger Park südlich der Amalienburg, allerdings zunächst nur für Goldfasane. König Max I. Joseph ließ die Anlage Anfang des 19. Jahrhunderts erweitern. Sie bestand jetzt aus drei Hauptgebäuden, an die sich drei Freigehege anschlossen. Wie in fürstlichen Menagerien auch sonst üblich, wurden in Nymphenburg vor allem verschiedene exotische Vogelarten gehalten. Vierfüßige Tiere gab es in München nur wenige zu sehen, u. a. ein Lama, zwei Gazellen und zwei Beuteltiere, doch keine Raubtiere. Denn »reißende Tiere« wollte der König nicht haben. Das war auch bei anderen Fürsten seit dem 18. Jahrhundert der Fall. So fehlten Raubtiere

In fürstlichen Menagerien gab es Vögel aller Art. Gemälde aus dem Jagdzimmer der Amalienburg, 18. Jh.

in den Anfangsjahren auch in Schönbrunn. Auf sie sei wegen der Geruchsbelästigung zu verzichten, bestimmte Kaiser Franz I. Stephan. Auch passten Raubtiere nicht mehr in das Bild einer durch fürstliche Vernunft gezähmten und befriedeten Natur und Gesellschaft. Im Unterschied zu Schönbrunn schaffte die Menagerie in Nymphenburg nicht den Übergang ins bürgerliche Zeitalter. Ihre Spuren verlieren sich nach dem Tod von König Max I. Joseph. Nichts mehr erinnert heute in Nymphenburg an die ehemalige fürstliche Menagerie.

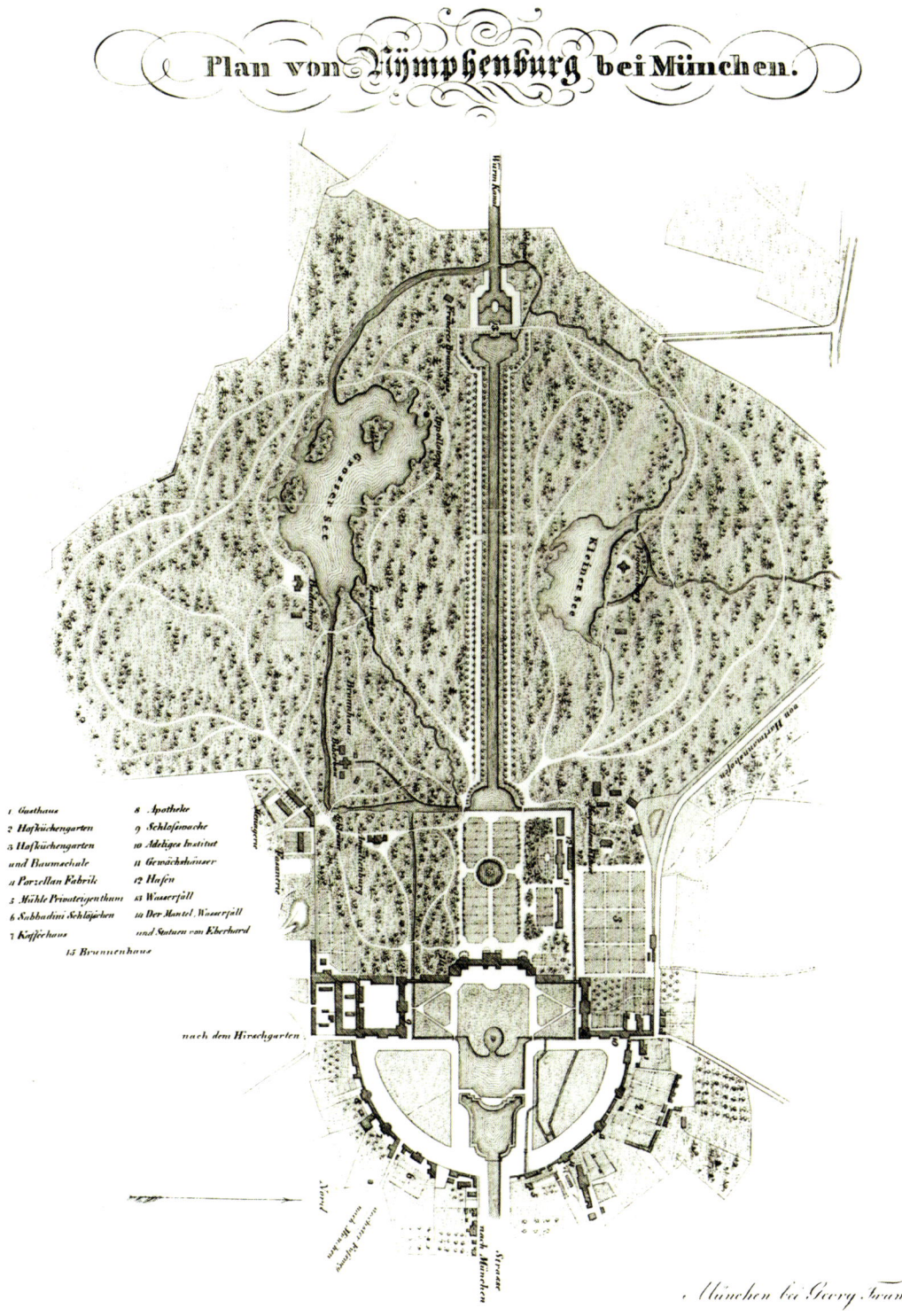

Plan des Nymphenburger Parks von 1800. Von 1770 bis etwa Mitte des 19. Jahrhunderts befand sich südlich der Amalienburg eine fürstliche Menagerie.

Was sind Menagerien?

Zurschaustellungen »wilder« Tiere gab es schon im alten Ägypten und im alten China. Man nennt den Ort der Haltung und Präsentation wilder Tiere vor der Gründung bürgerlicher Zoos im 19. Jahrhundert »Menagerien«. Der Begriff bezeichnet seit dem 17. Jahrhundert speziell die höfische, später auch die kommerzielle Tierhaltung. Adelige hielten sich bis zum 17. Jahrhundert vor allem drei Gruppen wilder Tiere: heimische und zunehmend auch exotische Raubtiere (Löwen, Tiger, Leoparden), verschiedene Hirscharten und exotische Vogelarten. Ein zu seiner Zeit in ganz Europa bewundertes Wildgehege besaß König Manuel I. von Portugal (1469–1521), in dem bereits Elefanten und Nashörner aus Indien zu bestaunen waren. Der Elefant Hanno, den Manuel 1514 Papst Leo X. geschenkt hatte, wurde zum Lieblingstier des Papstes und von Zeitgenossen viel beschrieben. Manuel schickte auch ein Nashorn nach Rom, das aber die Reise nicht überlebte. Eine Beschreibung und Skizze dieses Nashorns diente Dürer als Vorlage für seinen berühmten Holzschnitt. Die bekannteste Menagerie des 17. Jahrhunderts war die des Sonnenkönigs Ludwig XIV., Vorbild für die Gründung des ältesten heute noch existierenden Tiergartens in Schönbrunn bei Wien (1752). Eine der ältesten fahrenden Menagerien besaß der Holländer Sevender, der 1626 einen Elefanten in Mitteleuropa vorführte. Zu den Wandermenagerien, die in München Station machten, gehörten die »Große Kreutzbergische Menagerie«, die im Winter 1853/54 in München zu sehen war, und die »Ehlbecksche Menagerie« – in den 1890er Jahren eine der Hauptattraktionen auf dem Münchner Oktoberfest.

Die Geburt des bürgerlichen Zoos aus dem Geist der Revolution

Die Geschichte moderner Zoologischer Gärten beginnt mit der Französischen Revolution. Drei Jahre nach Ausbruch der Revolution, kurz nach der Gefangennahme des Königs, marschierte am 10. August 1792 eine Abordnung Pariser Bürger nach Versailles zur königlichen Menagerie. Im Namen des Volkes und der Natur forderte sie die Freilassung der Tiere, die durch den »Schöpfer frei ins Leben gelangten und zum Ruhm und Pomp des Tyrannen in schlechten Umständen« gefangen ihr Leben fristen müssten. Tatsächlich öffneten sich für einige Tiere – Hirsche, Affen, Vögel – die Käfige. Doch wurden die meisten Tiere Opfer des hungernden Volkes, nur einige – ein Löwe, ein Zebra und eine Antilope – brachte man später in den Pariser Botanischen Garten, den »Jardin des Plantes«. Hier entstand der erste bürgerliche Zoo. Die Menagerie im Jardin des Plantes unterschied sich fundamental von der Menagerie in Versailles.

Die Tieranlagen reihten sich nicht mehr um ein Zentrum, von dem aus alles überblickt werden konnte; sie verteilten sich in einem Landschaftsgarten – mit künstlich geschaffenen Höhenunterschieden und bepflanzten Felsmassiven. Diese inszenierte Landschaft konnte auf einem Netz gewundener Alleen nach allen Richtungen durchwandert werden. Der Besucher sollte keine beherrschte Natur bestaunen, vielmehr eine malerische Natur erleben.

Bürgerliche Zoos überall

Auch in London entstand inmitten einer Parkanlage, im Regent's Park, ein bürgerlicher Zoo. Gründer und Betreiber war die Londoner »Zoological Society«.

Blick auf den Zoologischen Garten im Londoner Regent's Park im Jahr 1835.

Der Name verweist auf den wissenschaftlichen Anspruch, den die Gesellschaft mit ihrer Zoogründung verfolgte. In Verbindung mit dem naturkundlichen Museum sollte der 1828 gegründete Zoo ein Ort der Sammlung, Klassifikation

James Forbes: Partie aus dem Pariser Jardin des Plantes, Aquarell von 1816.

und Beobachtung exotischer Tiere sein, auch ein Ort der praktischen Erfahrung im Umgang mit Tieren, ihrer Domestikation, Züchtung und Akklimatisierung. Auch die Pariser Menagerie im Jardin des Plantes verfolgte solche Ziele. Doch während der Zoo in Paris allen Bürgern offenstand, war der Zugang zum Londoner Zoo auf die Werktage beschränkt. Die Mitglieder der Zoologischen Gesellschaft hatten einen hohen jährlichen Beitrag zu entrichten. Dafür stand ihnen der Zoo sonntags, dem damals einzigen freien Tag für Werktätige, exklusiv zur Verfügung. Von Paris und London aus breitete sich der bürgerliche Zoologische Garten im Laufe des 19. Jahrhunderts überall in den größeren Städten Europas und zunehmend auch in Großstädten der übrigen Welt aus. Der erste bürgerliche Zoologische Garten in Deutschland wurde 1844 in Berlin gegründet.

Der Zoologische Garten in Berlin im 19. Jahrhundert, ein exotisches Vergnügen. Im Hintergrund die prächtige Pagode des Elefantenhauses.

1858 folgte der Zoo in Frankfurt a. M., 1860 der Kölner Zoo. Ende des 19. Jahrhunderts besaßen beinahe alle Großstädte in Deutschland einen Zoologischen Garten. Die schnelle Verbreitung des bürgerlichen Zoos ist erstaunlich, denn Zoologische Gärten waren im Unterschied zu den anderen im 19. Jahrhundert entstehenden Foren des Bürgertums wie Museen und Konzerthallen keine staatlichen oder kommunalen Gründungen. Sie verdanken sich überwiegend der Selbstorganisation wohlhabender Bürger. Eine Ausnahme ist nur der mit staatlicher Unterstützung gegründete Pariser Zoo. Doch bereits der Zoo in London und beinahe alle Zoogründungen in Deutschland gingen auf private Initiativen zurück.

Ein Zoo am Englischen Garten

Auch in München gab es schon im 19. Jahrhundert Bestrebungen, einen bürgerlichen Zoo zu gründen. Doch alle scheiterten, mit einer Ausnahme: Zwischen 1863 und 1866 existierte am Englischen Garten in der Nähe des Siegestors ein Zoologischer Garten, in dem Park, der ein von Jean Baptiste Métivier 1823 erbautes Schlösschen am Schwabinger Bach umgab. Der Münchner Großhändler Benedikt Benedikt (1819–1884) hatte das Grundstück samt Parkschlösschen erworben und betrieb den Zoo privat in eigener Regie, nachdem sein Bemühen gescheitert war, die Münchner Bürgerschaft für sein Unternehmen zu gewinnen und den Zoo als Aktiengesellschaft zu gründen. Der Benedikt-Zoo umfasste nur ein Zehntel der Fläche des späteren Tierparks Hellabrunn. Doch mit wenigen Ausnahmen wie dem Berliner Zoo entsprach das der damals üblichen Größe bürgerlicher Zoos in Deutschland. Der wenige Jahre zuvor gegründete Kölner Zoo war kaum größer.

Blick auf das 1864 eröffnete Restaurant im ersten Münchner Zoo am Englischen Garten, den der Münchner Großhändler Benedikt betrieb.

ZOOLOGISCHER
in
MÜNCHEN

1. Terasse mit Schwimmvogelteich
2. Fasanen u. Taubenhaus
3. Wasserfall
4. Eulenburg
5. Stelzvogelteich
6. Seehundsbassin
7. Vogelvoliére
8. Raubthierhaus
9. Meerschweinchen- u. Hasenzwinger
10. Sultanshühnervoliére
11. Voliére für ausländische Hühner
12. Straussenhaus
13. project. Löwenhaus
14. Affenhaus
15. Fischotterbassin
16. Wolfshöhle

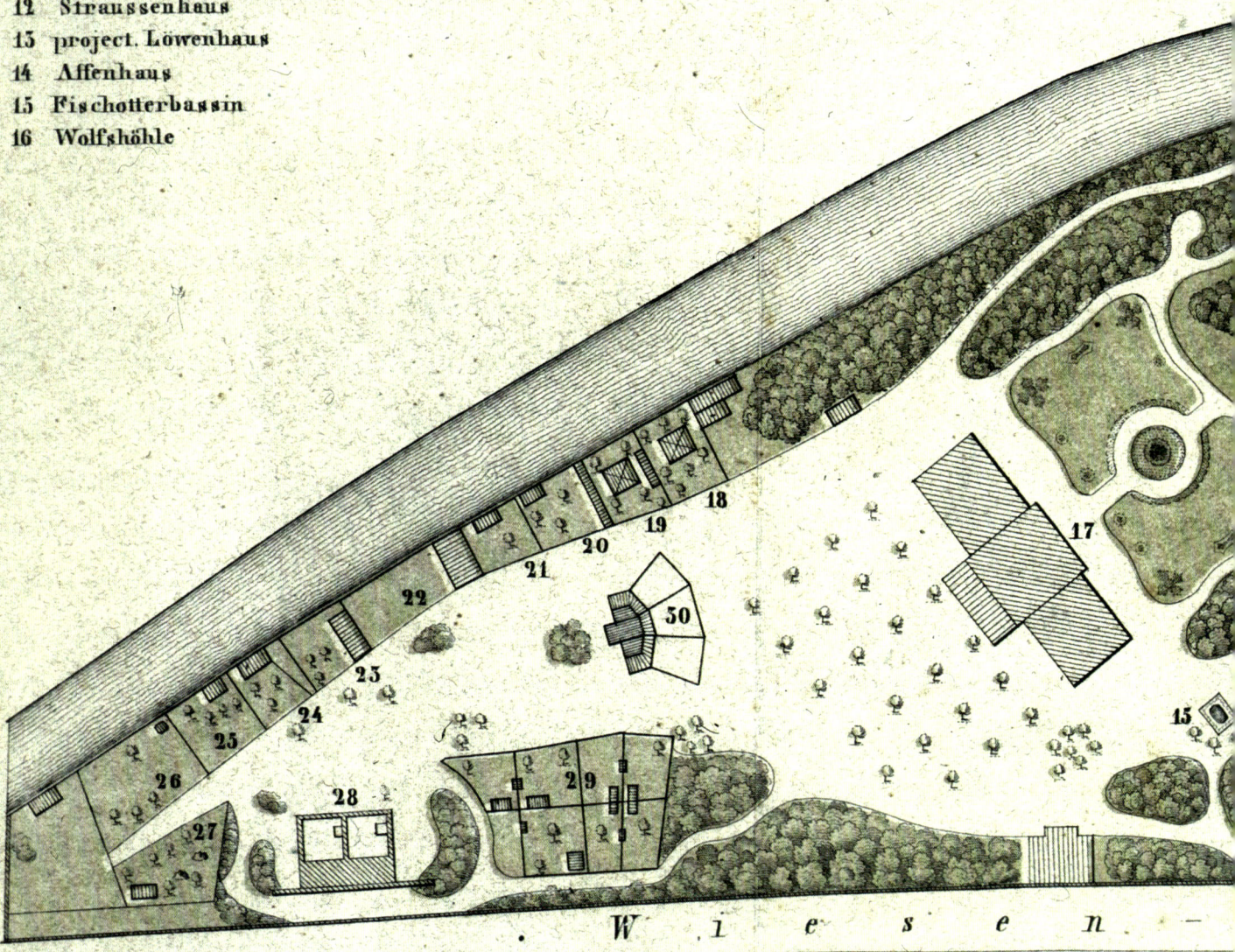

Aufnahme u. Stich v. C. G. Wenng in München.

Plan des Benedikt-Zoos in München, der 1863 eröffnete, aber schon 1866 wieder schließen musste. Der Plan lag dem Zooführer von 1864 bei.

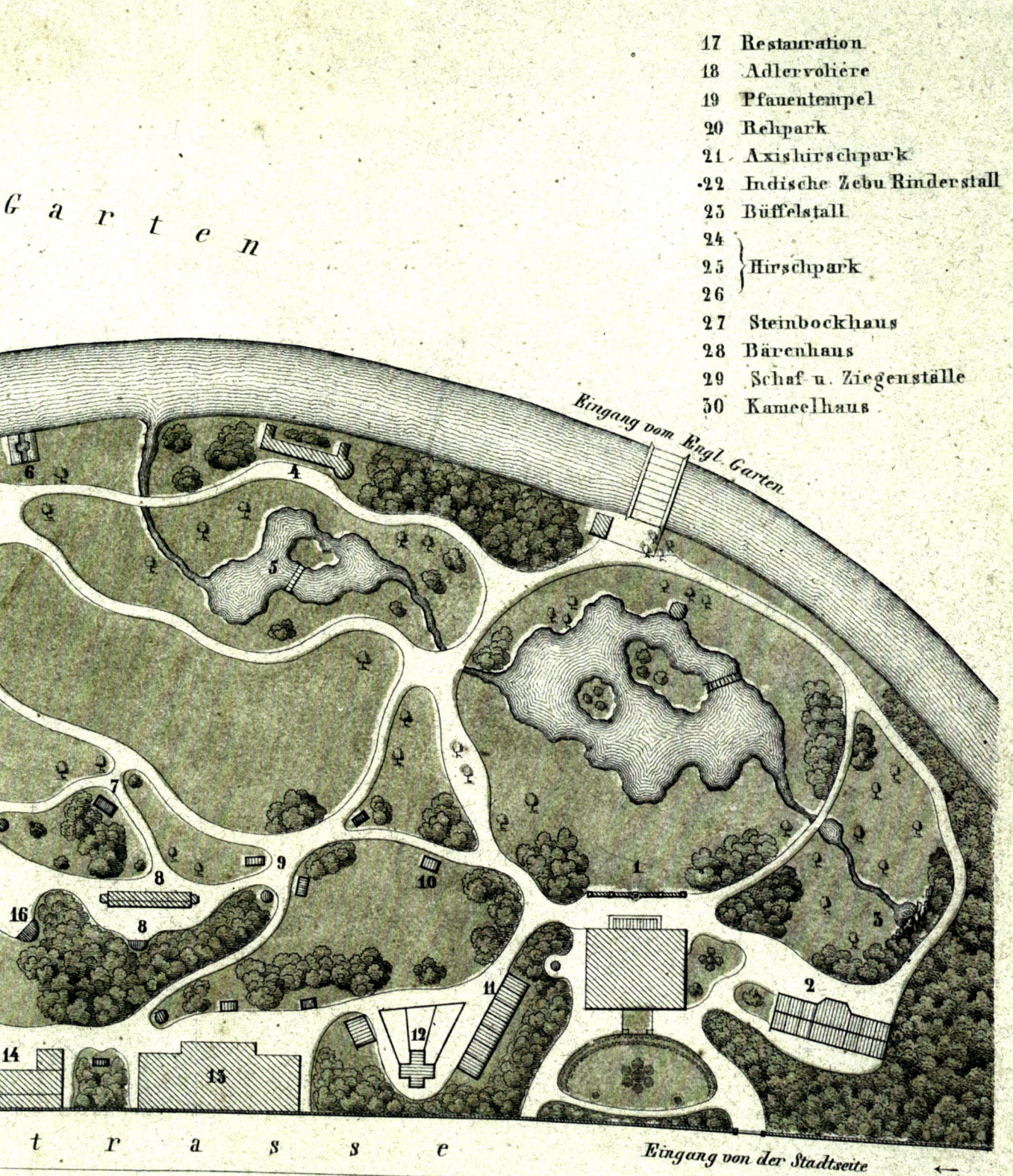

Bärenzwinger im Benedikt-Zoo. Abbildung aus dem Zooführer von Zoodirektor Leopold J. Fitzinger von 1864.

Benedikts Zoo war ein typischer bürgerlicher Zoo, ein Landschaftsgarten mit Teichanlagen und Weihern, den der Besucher auf gewundenen Wegen durchwanderte. Die Gehegeanlagen und Tierhäuser waren systematisch nach einzelnen Tierarten angeordnet. Zu besichtigen gab es einen Bärenzwinger und einen Affenpavillon, ein Raubtier- und Kamelhaus sowie verschiedene Volieren für exotische Vögel.

Den bürgerlichen Bildungsanspruch befriedigte ein Zooführer. Verfasst hatte ihn Leopold Joseph Fitzinger, ein damals bekannter Zoologe aus Wien, den Benedikt zum wissenschaftlichen Direktor berufen hatte, um den wissenschaftlichen Anspruch seines Zoos zu betonen.

Zur Erholung diente das Parkschlösschen, das Benedikt in ein Restaurant hatte umbauen lassen. Doch nach nur drei Jahren musste sein Zoo wieder schließen, denn Benedikt hatte sich finanziell übernommen. Seine Hoffnung auf Unterstützung

Der Eingang in den ersten Münchner Zoo, auf einem Foto aus der Anfangszeit der Fotografie.

durch die Münchner Bürgerschaft hatte sich nicht erfüllt. Die Einnahmen durch Eintrittsgelder waren gering, die Ausgaben dagegen enorm.

So betrugen die Tierverluste bereits im ersten Jahr beinahe 40 Prozent und lagen damit etwa 30 Prozent über der damals für Zoologische Gärten üblichen Rate. Auch fehlten attraktive Zootiere wie Elefanten, Nashörner, Flusspferde und Giraffen, die schon damals Publikumsmagnete waren. Im Raubtierhaus wurden nicht Löwen und Tiger, sondern kleinere Raubkatzen wie ein Ozelot sowie einheimische Wildtiere, ein Wolf, Fuchs und Dachs, gehalten. Für einen einzelnen privaten Träger war ein Zoo offensichtlich zu teuer und mit einem zu hohen Risiko verbunden.

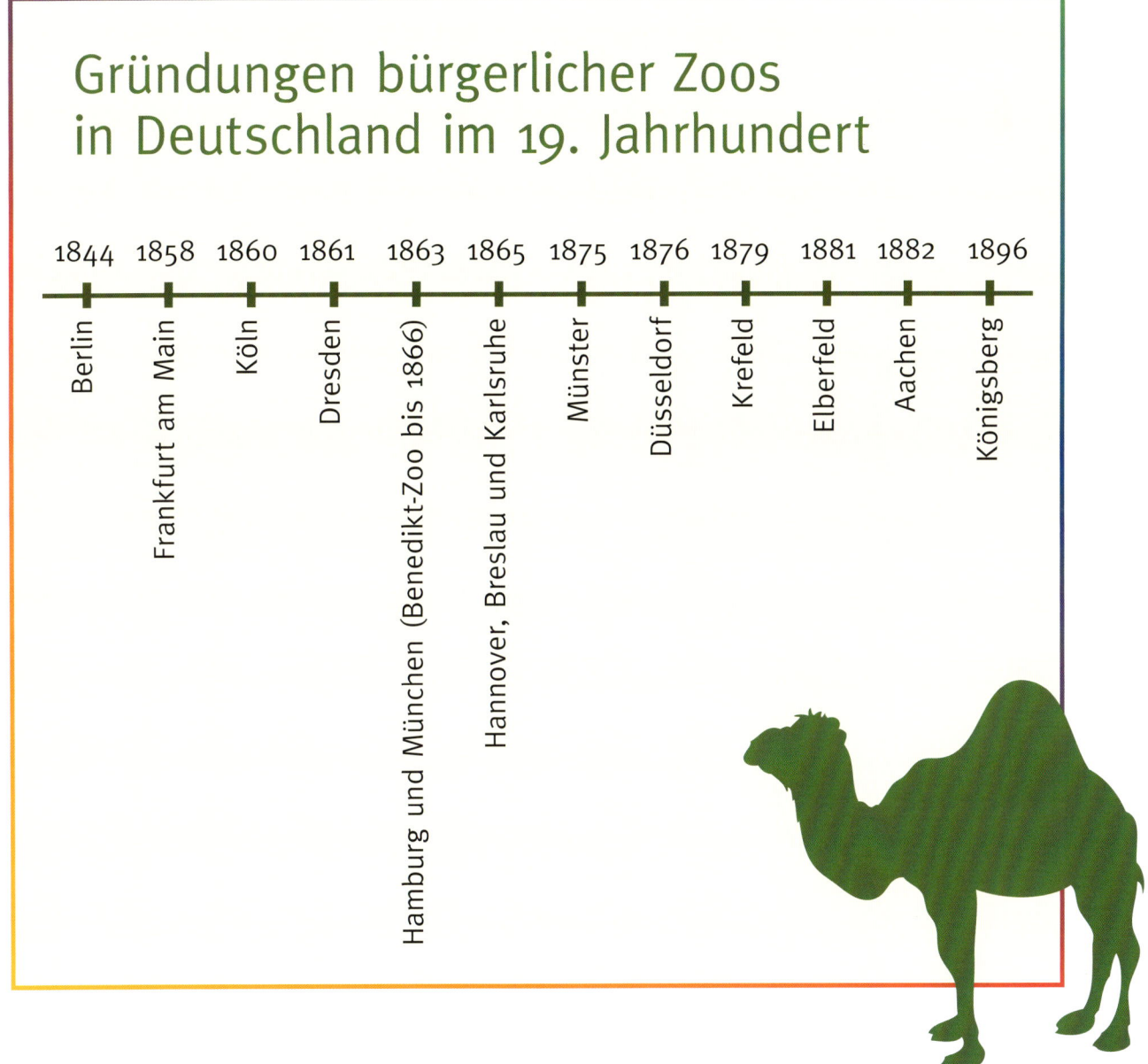

Gründungen bürgerlicher Zoos in Deutschland im 19. Jahrhundert

1844	Berlin
1858	Frankfurt am Main
1860	Köln
1861	Dresden
1863	Hamburg und München (Benedikt-Zoo bis 1866)
1865	Hannover, Breslau und Karlsruhe
1875	Münster
1876	Düsseldorf
1879	Krefeld
1881	Elberfeld
1882	Aachen
1896	Königsberg

Der Zoo als Event

Die übliche Rechtsform der bürgerlichen Zoos in Deutschland war die Aktiengesellschaft. Um einen Zoo zu gründen und zu unterhalten, bedurfte es Investitionen von beträchtlichem Umfang. Als Wirtschaftsunternehmen mussten Zoologische Gärten Gewinn abwerfen, wenn sie überleben wollten. Dazu reichten die Investitionen der Aktionäre und Eintrittsgelder selten aus. Deshalb waren bürgerliche Zoos von hundert spielten in und vor den Zoorestaurants Militär- und Symphonieorchester, man konnte Abendbälle und Feuerwerksspektakel besuchen und Völkerschauen besichtigen. Auch im Tierpark Hellabrunn gab es von Anfang an Veranstaltungen der verschiedensten Art: Sommer- und Künstlerfeste, Theateraufführungen und Kindertage. Im damaligen Waldrestaurant, das im Sommer bis elf Uhr nachts geöffnet war, fanden Tanzveranstaltungen und Konzerte statt.

Auch »fremde« Menschen wurden in Zoos ausgestellt, hier Samoanerinnen in Hagenbecks Tierpark in Stellingen 1910.

Indianer in Hellabrunn 1928. Der Tierpark suchte durch besondere Attraktionen seine Einnahmen zu steigern.

Anfang an gezwungen, nach weiteren Einnahmequellen zu suchen. Daraus erklärt sich, dass Zoologische Gärten nicht einfach nur Orte waren und noch heute sind, in denen wilde Tiere geschaut und Wissen über sie vermittelt wird. Von Anfang an waren Zoos immer auch Einrichtungen, die über zusätzliche Attraktionen ihre Einnahmen steigern mussten. Im 19. Jahr-

Als es dem Tierpark am Ende des Ersten Weltkriegs finanziell besonders schlecht ging, sollten Achterbahn, Karussell und Kasperltheater sowie Fotografen- und Schießbuden die Einnahmen erhöhen, was von der Stadt kritisch gesehen wurde, die den Tierpark nicht »zu einem gewöhnlichen Vergnügungsetablissement herabgedrückt« sehen wollte. Bereits in seinen revolutionären

Pariser Anfängen grenzte sich der bürgerliche Zoologische Garten von den Orten für das bloße Vergnügen ab und verstand sich als eine Institution bürgerlicher Bildung. Doch geriet dieser Anspruch angesichts realer finanzieller Zwänge schnell in Konkurrenz zum Zoo als Event.

Wie kam der Zoo zu seinem Namen?

Während die Pariser und Londoner Zoos anfangs noch Menagerie hießen, setzte sich im 19. Jahrhundert für bürgerliche Zoos, von England ausgehend, zunehmend die Bezeichnung Zoologischer Garten (»zoological garden«) durch, seit Ende des 19. Jahrhunderts auch die Abkürzung Zoo. Der neue Begriff verbindet die räumliche Gestalt von bürgerlichen Zoos (Landschaftsgarten) mit seinem wissenschaftlichen Anspruch (Zoologie). Zudem grenzten sich bürgerliche Zoos mit der neuen Bezeichnung von den fürstlichen Menagerien und anderen Formen der Zurschaustellung von Tieren ab, die es in Europa neben den bürgerlichen Zoos bis ins 20. Jahrhundert hinein gab.

Tiermenagerien mitten in der Stadt

Neben den fürstlichen Menagerien entstanden im 18. Jahrhundert städtische Menagerien, die exotische Tiere gegen Eintrittsgeld vorführten. Als rein kommerzielle Unternehmen setzten sie auf Sensation und Spektakel. Eine der frühesten Einrichtungen dieser Art war die Menagerie »Exeter Change«, die zwischen 1773 und 1829 existierte.

Die von Edward Cross betriebene Menagerie »Exeter Change«. Sie befand sich von 1773 bis 1829 in einem Gebäude der Londoner City.

Mitten in der Londoner City in einem Gebäude mit mehreren Stockwerken untergebracht, zählte Exeter Change damals zu den Hauptattraktionen von London. Zur Schau gestellt wurden seltene exotische Tiere, Raubtiere wie Großkatzen, aber auch Elefanten, Nashörner, Giraffen, Kamele und Zebras. Eine städtische Menagerie gab es später auch in München, allerdings von ganz anderer Art. Das 1881 eröffnete »Münchener Aquarium« befand sich wie Exeter Change mitten in der Stadt in einem dreistöckigen Gebäude am Färbergraben, stellte aber nicht nur Tiere aus. Für den damals stolzen Preis von einer Mark konnte der Besucher neben lebenden und ausgestopften Tieren Mineralien, mechanisch bewegliche, lebensgroße Wachsfiguren und anatomische Modelle bestaunen. Zum Aquarium gehörten außerdem ein »Lachkabinett« sowie ein Vorstellungssaal für »exotische Völker« und Abnormitäten. In einer unterirdischen Grotte wurden ein Seehund und ein Alligator, in einem Wasserbehälter Fische, darunter ein Katzenhai, gehalten.

Im Aquarium gab es Affen- und Vogelpavillons, Aras und Kakadus, einen Braunbär und zwei Malaienbären, auch Schlangen und ein Shetlandpony. In wechselnden Ausstellungen wurden zudem gegen Zahlung eines Aufpreises weitere Tiere gezeigt. Doch der Besitzer, Johann Baptist Gassner, hatte sich wie Benedikt verspekuliert. Nach nur zwei Jahren musste er Insolvenz anmelden. Solche Aquarien und Panoptiken gab es auch in anderen deutschen Großstädten. Wie in München hatten sie mit heutigen Aquarien wenig mehr als den Namen gemein. Sie gehörten zur städtischen Vergnügungsindustrie, die im zweiten Drittel des 19. Jahrhunderts aufblühte und in der Tiere, angekündigt als noch nie gesehene Sensationen, Teil eines auf schnelles Geld spekulierenden Spektakels waren.

Das »Münchener Aquarium« am Färbergraben. Von 1881 bis 1883 konnten die Münchner hier Tiere, »exotische Völker« und anderes bestaunen.

Anschlagzettel aus dem Jahr 1826, der für die Wandermenagerie von Henri Martin warb.

Wandermenagerien

Viele Menagerien hatten keinen festen Ort. Sie zogen als Wandermenagerien von Stadt zu Stadt. Die Tiere wurden in Pferdewagen und auf Kähnen, seit dem 19. Jahrhundert auch in Eisenbahnzügen transportiert und in engen Tierkästen und Tierbuden auf Dulten und Marktplätzen ausgestellt.

Bereits im 17. Jahrhundert gab es Tierführer, die mit einzelnen exotischen Tieren durch Europa zogen. Darauf verweisen überlieferte Einblattdrucke und Anschlagzettel. Wandermenagerien im 18. Jahrhundert besaßen meist nur wenige Tiere. Im 19. Jahrhundert stellten größere Unternehmen bis zu 100, das deutsche Unternehmen Malferteiner zu Beginn des 20. Jahrhunderts sogar bis zu 200 Tiere aus.

Titelbild des Kinderbuches »Grosse Menagerie«, Schreiber-Verlag Esslingen, Ende 19. Jh.

Die Betreiber von Wandermenagerien hießen Menageristen. Ihrer sozialen Stellung nach gehörten sie zum fahrenden Volk und damit zu den gesellschaftlichen Außenseitern. Die Tiere wurden von »Explikatoren« genannten Ausrufern vor den Buden angepriesen, oft auch in kleineren Dressuren vorgeführt. Seit Beginn des modernen Zirkus, den Philipp Astley 1770 in London mit kreisförmiger Manege, Pferde- und Akrobatennummern erfunden hatte, gab es enge Beziehungen zwischen Zirkus und Wandermenagerie. Die Vertreter bürgerlicher Zoos kritisierten den kommerziellen Charakter der Menagerien, auch die unwürdigen Haltungsbedingungen der Tiere. Sie setzten dagegen ihren wissenschaftlichen Anspruch und die Rolle des bürgerlichen Zoos als Vermittler von Wissen und Bildung.

Die Zoos hatten dabei die staatlichen Behörden auf ihrer Seite, die Wandermenagerien oft allein wegen ihrer Betreiber unter Verdacht stellten.

Tierbude um 1885. Fotogravur nach einem Gemälde von Paul Friedrich Meyerheim (1842–1915).

Bereits während der Französischen Revolution hatte die Pariser Polizeibehörde angeordnet, alle auf öffentlichen Plätzen zur Schau gestellten Tiere in den Jardin des Plantes, also in den neuen Pariser Zoo, zu überführen. Kleinere Wandermenagerien wurden im 19. Jahrhundert auch in anderen Städten verboten. Einzelne größere Menagerien konnten sich dagegen bis ins 20. Jahrhundert halten.

Größter lebender Elefant auf der Auer Dult

Wandermenagerien machten auch Station in München, auf dem Oktoberfest und den städtischen Dulten. Auf der Jacobi-Dult, Vorläuferin der heutigen Auer Dult, konnte man 1824 einen Elefanten bestaunen, für den der Ausrufer mit folgenden Worten warb: »Daher meine gnäd'gen Herrn und Damen – hier ist zu sehen der größte dermal lebende Elephant – er ist sehr gelehrig – sehr verständig – macht mit seinem Rüssel alles – was der Mensch mit der Hand kann – auch wird er mit diesem eine ganze Bouteille Wein auf einen Zug leeren, herein – alleweil hinein meine Herren und Damen, den Augenblick geht's an.« Ein Besucher kommentierte das gegenüber seinem Freund so: »Dös is a g'ringe Kunst – net wahr Weber? Das können wir a'! – mit unsern Rüssel a Bouteille Wein auf einen Zug aussaufen – da brauch ma kein Elephanten dazu – hob i' net recht?!« Neben dem Elefanten zeigte die als »weltberühmte Menagerie des Herrn Aken« angekündigte Schaustellung asiatische Löwen, Tiger, Hyänen, Wölfe, Affen und Papageien.

Auch auf der Auer Dult gastierten Menagerien. Auf dem Bild Otto von Rupperts (1873) werben Bildtafeln mit den zur Schau gestellten Tieren.

Der Zoo als Idylle und als Museum

Bürgerliche Zoos verstanden sich als wissenschaftliche Einrichtungen. Sie verbanden damit einen Bildungsauftrag, nämlich die gleichsam lebendige Vermittlung Zoologischer Kenntnisse an ein breites Publikum. Im Unterschied zu den Menagerien sollten Tiere

nicht als bloße Schauobjekte, sondern im Zusammenhang mit der Natur erlebbar werden. Darin drückt sich ein verändertes emotionales, gleichsam empathisches Verhältnis gegenüber Tieren aus. So kann man etwa 1803 im Führer für den Pariser Jardin des Plantes über die »friedlichen« Tiere lesen: »Bei der geringsten Einladung kommen sie voll Freude angerannt. Wenn sie mit der Pflege ihrer Jungen beschäftigt sind, schreckt die Anwesenheit der Menschen sie keineswegs. Sie gestatten einem, sich an ihren unschuldigen Spielen zu erfreuen, und wenn sie ihre Köpfe durch das Gitter stecken, das sie vom Publikum trennt, scheinen sie zu kommen und es zum Streicheln aufzufordern.« Das Ideal malerischer Naturbelassenheit, wie es die Gestaltung des Jardin des Plantes in den frühen Jahren bestimmte, verdeutlicht die unscheinbare Architektur der Tierhäuser, kleine strohbedeckte Holz- und Steinhäuser, die im rustikalen Stil errichtet worden waren.

Der Münchner Tierpark setzte stets auf Natur als Idylle. Das Foto von 1912 zeigt eine der vielen Wasseranlagen im westlichen Teil des Tierparks.

Der Londoner Zoologische Garten in der Viktorianischen Epoche: Das Affenhaus.

Demgegenüber trat im Laufe des 19. Jahrhunderts der Herrschaftsaspekt wieder stärker in den Vordergrund, im Unterschied zur fürstlichen Menagerie jetzt unter bürgerlichen, nationalen, kolonialen und wissenschaftlichen Vorzeichen. Das Wissenschaftsprinzip des bürgerlichen Zoos drückte sich im Anliegen aus, eine größtmögliche Artenvielfalt zu versammeln und diese systematisch zu präsentieren. Der Zoo funktionierte als eine Art lebendiges Museum, das Tiere möglichst hinsichtlich ihrer Verwandtschaft nach Kriterien der zeitgenössischen wissenschaftlichen Zoologie ordnete. So gab es Affen- und Raubtierhäuser, Hirsch- und Rinderreviere, Antilopenhäuser und Bergwiederkäuerreviere. Die Tiere wurden nicht in Gruppen gehalten, gewöhnlich repräsentierten nur ein oder zwei Vertreter die jeweilige Tierart. Der Besucher konnte so die meist in kleinen Gehegen und engen Gitterkäfigen gehaltenen Tiere in schneller Folge abgehen und dadurch die Systematik zoologischer Klassifikation nachvollziehen.

Bärenzwinger und Affenpavillons

Bärenzwinger und Affenpavillons waren im 19. Jahrhundert die populärsten Tieranlagen, die in kaum einem bürgerlichen Zoo fehlten. Der Bärenzwinger verweist als historische Reminiszenz auf die Haltung von Braunbären in mittelalterlichen Burg- und Stadtgräben. Er bestand gewöhnlich aus einer kreisrunden ummauerten Grube im Durchmesser von fünf bis sieben Metern, mit einem hohen Baumstamm in der Mitte, auf den die Bären klettern konnten, um zur Belustigung der Besucher Futter zu erbetteln. Den Bärenzwinger gab es bereits im Londoner Regent's Park und noch in den Anfangsjahren von Hellabrunn durfte er nicht fehlen.

Die Anlage für Malaienbären aus der Gründungszeit des Tierparks. Hellabrunn orientierte sich an der damals für Bären üblichen Bärengrube/Bärengraben.

Unweit des heutigen Restaurants gelegen, bewohnten ihn damals Malaienbären. Der Affenpavillon war ein meist freistehender, rundum einsehbarer Gitterkäfig, der mit Steig- und Klettervorrichtungen ausgestattet war. Auch ihn gab es in den Anfangsjahren in Hellabrunn, bevölkert von Makaken.

Die Affenarena aus der Gründungszeit des Tierparks mit dem typischen Gitterpavillon.

Makaken in der Affenarena. Die Kuppel wurde erst gebaut, nachdem die Affen entwichen waren.

Koloniale Exotik

In der zweiten Hälfte des 19. Jahrhunderts stieg der exotische Baustil zum charakteristischen architektonischen Merkmal bürgerlicher Zoos auf. Tierhäuser im Stil ägyptischer Tempel (wie in Antwerpen) oder orientalischer Paläste (wie in Berlin) waren bewunderte Glanzstücke, mit denen sich die bürgerlichen Zoos europäischer Großstädte gegenseitig zu übertreffen suchten. Das 1914 eröffnete Hellabrunner Elefantenhaus, das damals noch »Dickhäuterhaus« hieß, ist in seiner Mischung verschiedener orientalischer Stilelemente ein noch heute sichtbares, eindrucksvolles Zeugnis vergangener Zooarchitektur. Der exotische Baustil sollte auf die exotische

Das 1914 eröffnete Hellabrunner Elefantenhaus, ein noch heute erhaltenes Relikt der exotischen Architektur, die für viele Zoos prägend war.

Herkunft der Tiere verweisen. Er ist aber auch Ausdruck kolonialer Weltaneignung. Der Kolonialismus befand sich in der zweiten Hälfte des 19. Jahrhunderts auf seinem Höhepunkt. Afrika wurde damals von den europäischen Kolonialmächten in Besitz genommen und eröffnete für europäische Zoos neue Möglichkeiten, in den Besitz afrikanischer Wildtiere zu gelangen. Denn damals gelang es erst bei wenigen Tierarten, den Bedarf an Nachwuchs über Züchtungen zu

Werbung für Carl Hagenbecks Handelsmenagerie um 1878.

sichern. Die überwiegende Zahl der in Zoologischen Gärten gehaltenen Wildtiere waren in ihren Herkunftsländern gefangen worden. Die Zoos kauften sie von professionellen Tierhändlern, die sich darauf spezialisiert hatten, mit gefangenen exotischen Tieren zu handeln.

Hagenbecks Tierhandel

Einer der erfolgreichsten Tierhändler war damals Carl Hagenbeck (1844-1913). Hagenbecks Vater betrieb im Hamburger Stadtteil St. Pauli neben seiner Fischhandlung einen kleinen Tierhandel. Sein Sohn baute das Geschäft zu einem weltweit agierenden Unternehmen aus. Zu Hagenbecks Kunden gehörten nicht nur deutsche Zoos. Das von ihm aufgebaute Netzwerk von Tierfängern und Zwischenhändlern belieferte Zoologische Gärten auf der ganzen Welt. Zeitweise war der geschäftstüchtige Hamburger der erfolgreichste Tierhändler für exotische Wildtiere weltweit. Hagenbeck besaß außerdem einen Zirkus und brachte Gruppen fremder Völker nach Europa, die für Kost, Logis und Gage in Zoos präsentiert wurden. Seine »Handlungs-Menagerie« hatte ihren Sitz am Hamburger Neuen Pferdemarkt, der als Umschlagplatz für die gehandelten Tiere diente. »Lieferant sämtlicher Zoologischer Gärten und Menagerien der Welt«, warb ein Prospekt. Zeitweise waren bis zu tausend Tiere in Hagenbecks Tierhandlung versammelt. Sie konnten dort gegen Eintrittsgeld besichtigt werden, wovon die Hamburger regen Gebrauch machten, obwohl damals in Hamburg am Dammtor bereits seit 1863 ein Zoologischer Garten existierte. Doch bei Hagenbeck gab es immer wieder neue Tiere zu sehen, denn ständig wechselte der Bestand.

Kein Zoo – ein Tierpark: Hagenbecks Revolution

Ende des 19. Jahrhunderts gab Hagenbeck seiner Niederlassung am Neuen Pferdemarkt einen neuen Namen: »Hagenbecks Thierpark«. Schon damals trug sich der findige Unternehmer mit dem Plan, einen eigenen Zoo zu gründen, der sich von den bereits bestehenden

Der Zoo als Landschaftspanorama: Tierpark Hagenbeck, Hamburg, Afrika-Panorama.

bürgerlichen Zoos unterscheiden, eben kein Zoologischer Garten, vielmehr ein Tierpark sein sollte. Und er setzte diesen Plan auch um.

1907 wurde Hagenbecks Tierpark in Stellingen bei Hamburg eröffnet, der noch heute weitgehend unverändert besteht. Mit seinem Tierpark revolutionierte Hagenbeck Idee und Praxis der Zurschaustellung von Tieren im Zoo. Schon der nur vier Jahre später eröffnete Tierpark Hellabrunn orientierte sich nicht nur im Namen an Hagenbecks Neuerungen. Mit Hagenbeck beginnt der moderne Zoo. Wie unterschied sich sein Tierpark von den bestehenden Zoos? Hagenbecks Tierpark rückte das emotionale Erleben von Natur und Tier ins Zentrum. Er setzte auf spezielle Techniken, mit deren Hilfe Tiere gleichsam filmisch in ihrer natürlichen Lebenswelt angeschaut werden konnten. Hagenbecks Tierpark verzichtete auf spektakuläre Tierhäuser und wo immer möglich auf Gitterkäfige. Stattdessen ließ er großzügige, hintereinander

1911 entstand in Hellabrunn mit der Löwenterrasse die erste Freisichtanlage für Raubtiere.

gestaffelte Landschaftspanoramen anlegen, in denen verschiedene, jeweils in Gruppen von mehreren Exemplaren gehaltene Tierarten scheinbar ohne künstliche Grenzen zusammen lebten. Die einzelnen Panoramen waren durch Gräben voneinander getrennt, die aber für das Publikum verborgen blieben. Das Ganze erweckte den Eindruck, als ob die Tiere sich frei in der Wildnis Afrikas oder Indiens bewegten. Wie einer seiner Assistenten rückblickend formulierte, hatte sich Hagenbeck gewünscht, »ein Tierparadies zu schaffen, das Tiere aus allen Ländern und Zonen, entsprechend ihrer Lebensbedingungen, ohne Gitter und Zäune, scheinbar in voller Freiheit, zeigt«. Und schon Hagenbeck verband sein neues Zookonzept mit der Idee einer Zufluchtsstätte für bedrohte Tiere, also mit der Idee der Arche Noah.

Hagenbeck wird boykottiert

Hagenbecks neuer Tierpark entwickelte schnell eine ungeheure Attraktivität. Die Besucher strömten in Massen nach Stellingen. Bereits 1909 zählte man über eine Million Besucher. Skeptisch bis ablehnend reagierten allerdings die Direktoren der Zoologischen Gärten. Sie sahen in Hagenbecks Tierparadies eine rein auf Geschäftserfolg zielende Schaustellung, unter Vernachlässigung der systematischen Zoologie und Volksbildung, den hauptsächlichen Anliegen Zoologischer Gärten. Die Kritiker verwiesen auf die illusionistische Künstlichkeit von Hagenbecks Tierpanoramen, auch darauf, dass die Tiere dressiert, oder, wie die Raubvögel, an Felsen angekettet waren, um das Bild friedlicher Naturbelassenheit zu simulieren.

Tierpark Hagenbeck, Hamburg, Historisches Eismeer.

Seit 1909 boykottierten die deutschen Zoodirektoren Hagenbecks Tierhandel. Neue Tiere erwarben sie nur noch bei seinen Konkurrenten. Doch Hagenbecks neue Tierparkideen konnten sie dadurch nicht aufhalten. Zwar setzten diese sich selten als Ganzes durch, zum Ärger von Hagenbeck, der für seine Idee des Tierpanoramas ein Patent erworben hatte und deshalb auf hohe Einkünfte hoffte, auch im Vorfeld der Gründung des Münchner Tierparks. Hagenbecks Assistent Alexander Sokolowsky verfasste in seinem Auftrag ein positives Gutachten zum geplanten Tierpark in Hellabrunn, und Hagenbeck bot seine Mitwirkung bei der Realisierung der Pläne an, die sich deutlich an seinem Tierparkmodell orientierten. Das wurde zwar abgelehnt, doch einzelne Elemente wie die gitterlose Freisichtanlage wurden nicht nur in Hellabrunn umgesetzt, sondern stiegen schnell zum Standard der modernen Zooarchitektur auf. Bis heute prägen sie die Gestalt von modernen Zoos.

Immersionsgehege

Der Besucher von Hagenbecks Tierpark schaut nicht wie im Zoo des 19. Jahrhunderts aus nächster Nähe auf einzelne, aneinander gereiht in

Das 1996 eröffnete Hellabrunner Dschungelzelt, Beispiel für ein modernes Immersionsgehege.

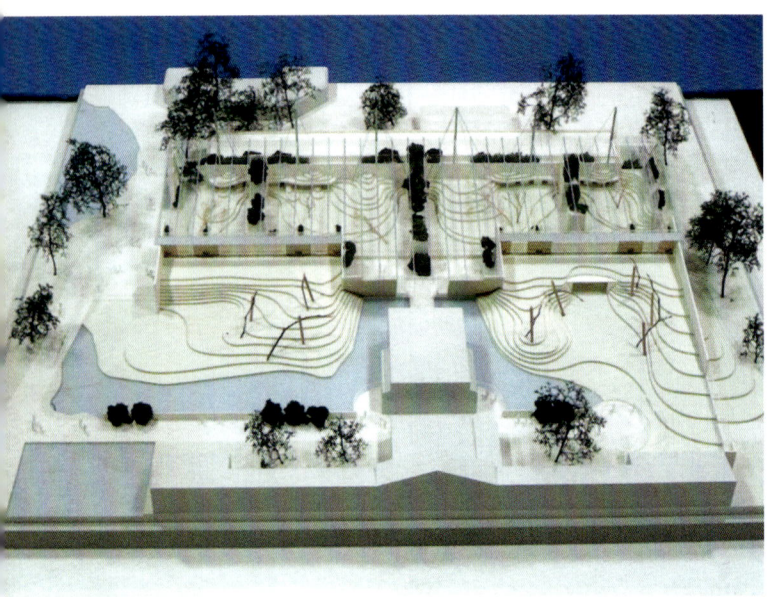

Modellfoto des 2001 eröffneten Hellabrunner Urwaldhauses.

Gitterkäfigen gehaltene Tiere. Er bewegt sich im gleichen inszenierten Naturraum wie die Tiere, die sein umherschweifender Blick erst entdecken muss, die aber auch verborgen bleiben können. In dieser Hinsicht ist Hagenbecks Tierpark Vorläufer moderner Immersionsgehege. Ein Immersionsgehege ist ein Areal, in dem sowohl das Tier wie zunehmend auch sein menschlicher Betrachter in eine natürliche Umgebung »einzutauchen« scheinen. In Hellabrunn orientieren sich das Dschungelzelt (eröffnet 1996) und das Urwaldhaus (eröffnet 2001) an dieser Leitidee.

Die Erkenntnisse des Heini Hediger

Hagenbeck verstand seinen Tierpark als »Tierparadies«. Er verband seine neuen Gehegeanlagen mit der Idee einer Tierhaltung, in der Tiere gemäß ihrer natürlichen Lebensbedingungen in Freiheit und Glück leben können. Es ist dieses Programm, das bis heute den Maßstab für die Beurteilung der Tierhaltung in Zoos abgibt, für Verteidiger wie auch für Kritiker von Zoos. Allerdings wird das heute differenzierter betrachtet. In Hagenbecks Tierpark konnten die Tiere, gemessen an heutigen Prinzipien, allein deshalb nicht »artgerecht« gehalten werden, weil damals das Wissen über Zootierhaltung wenig entwickelt war. Nur wenige Tiere pflanzten sich fort, die Lebensspanne vieler Tiere im Zoo war im Vergleich zur freien Wildbahn extrem kurz. Man wusste nur wenig darüber, welcher spezielle Lebensraum und welche speziellen Bedingungen ausschlaggebend dafür sind, damit Tiere im Zoo gesund bleiben und sich fortpflanzen. Das änderte sich mit der wissenschaftlichen Erforschung des Verhaltens von Tieren im Laufe des 20. Jahrhunderts. Entscheidende Anstöße gab hierfür der Schweizer Zoologe und Tierpsychologe Heini Hediger (1908–1992).

Die »Freiheit« der Tiere

Mit seinem Buch »Wildtiere in Gefangenschaft« aus dem Jahr 1942 wurde er zum Begründer der modernen Tiergartenbiologie. Hediger verglich die Situation des Verhaltens von Tieren in freier Natur, beim Fang und in der Obhut des Menschen. Daraus leitete er Regeln ab für die optimale Haltung spezieller Tierarten im Zoo. Hediger konnte etwa nachweisen, dass auch Tiere in Freiheit sich nicht wirklich frei bewegen. Ihr Lebensraum ist ein fest umgrenztes Territorium, das nur aus Not verlassen wird.

Das alte Hellabrunner Kamelgehege, vom Besucher nur durch einen kleinen Trockengraben getrennt.

Noch in den 1960er Jahren begrenzten hohe Gitter die meisten Tieranlagen im Tierpark Hellabrunn.

Die Größe des Territoriums ist abhängig von der Tierart, der Größe der Tiergruppe, vom Druck der Nachbargruppen und insbesondere vom Bedarf und Angebot an Nahrung. Wenn das Gehege für Kamele in Hellabrunn nur ein kleiner, von Kamelen leicht zu überwindender Trockengraben umgibt, so gründet diese Haltungsweise auf Hedigers Einsichten: Die Kamele akzeptieren die gezogene Grenze als tatsächliche Grenze ihres Territoriums.

Der Zoo als Geschichte

Zoos sind Produkte historischer Entwicklung. Viele der heute in Mitteleuropa bestehenden Zoos gehen bereits auf das 19. Jahrhundert zurück. Zwar haben sie ihre Gestalt im Laufe ihrer Geschichte durch den Abriss alter und den Aufbau neuer Gehegeanlagen und Tierhäuser stark verändert. Doch kein Zoo hat sich vollständig neu erfunden, wurde vollständig neu gestaltet. Deshalb sind heutige Zoos gewöhnlich Mischwesen, zusammengesetzt aus unterschiedlichen Traditionen der dargestellten Formen, Techniken und Modalitäten, Tiere zur Schau zu stellen. In Schönbrunn kann man noch heute seinen barocken Ursprung als fürstliche Menagerie erkennen, in Hellabrunn steht neben modernen Immersionsgehegen das alte, auf den Zoo des 19. Jahrhunderts zurückweisende Elefantenhaus mit seinen orientalischen Stilelementen. Auch traditionelle Gitterkäfige gibt es noch heute neben Freisichtanlagen, die nach den Einsichten der modernen Tiergartenbiologie gestaltet sind. So ist ein Zoobesuch immer auch ein Ausflug in die Vergangenheit der Zootierhaltung.

Für einige wird der Zoo zur zweiten Heimat, wie für Walter Huber, hier auf einem Foto von 1938.

Die Volksschauspielerin Liesl Karlstadt bei der Taufe des 1952 geborenen Flusspferds »Liesl«.

Das Münchner Kindl reitet auf dem Flusspferd. Das Bild findet sich in der Januarausgabe 1914 der Hellabrunner Tierparkzeitung.

Ein Tierpark für München

Wie die meisten deutschen Zoos geht auch Hellabrunn auf private Initiative zurück. Wohlhabende Bürger – Großkaufleute und Bankiers, Universitätsprofessoren und höhere Verwaltungsbeamte – schlossen sich zusammen und gründeten 1905 den »Verein Zoologischer Garten«.

Anfänge

»Das Projekt eines Zoologischen Gartens«, konnte man am 20. März 1900 in der »Augsburger Abendzeitung« lesen, »ist bekanntlich in München wiederholt aufgetaucht und ebenso von der Bildfläche wieder verschwunden«. In vielen Zeitungen wurde damals beklagt, dass München noch keinen Zoo besaß, denn um 1900 gab es in den meisten deutschen Großstädten bereits Zoologische Gärten.

Finanzielle Probleme

Berlin war 1844 vorangegangen, weitere Städte schlossen sich in rascher Folge an, 1863 auch München mit dem Zoo am Englischen Garten. Doch bereits nach drei Jahren musste er wegen finanzieller Schwierigkeiten wieder aufgeben. Auch die ersten Jahre des 1911 nach langen Jahren der Vorbereitung endlich in Hellabrunn eröffneten Tierparks waren schwierig. Der Tierpark verschuldete sich beim Bau des 1914 eröffneten Elefantenhauses, das als einziges von den Tierhäusern aus der Gründungszeit noch heute in seiner damaligen Gestalt besteht. Der Erste Weltkrieg und die Inflation kamen erschwerend hinzu – 1923 musste auch der Tierpark Hellabrunn seine Tore wieder schließen.

Bürgerschaftliches Engagement

Wie die meisten deutschen Zoos geht auch Hellabrunn auf private Initiative zurück. Wohlhabende Bürger – Großkaufleute und Bankiers, Universitätsprofessoren und höhere Verwaltungsbeamte – schlossen sich zusammen und gründeten 1905 den »Verein Zoologischer Garten«. Treibende Kräfte waren der damalige Münchner Bürgermeister Wilhelm Ritter von Borscht und Hermann Manz, ein Oberstleutnant a. D. des Bayerischen Heeres. Manz wurde zum Vorsitzenden des Vereins gewählt, 1911 dann auch zum ersten Direktor des

Der Erste Bürgermeister Ritter von Borscht (rechts), Münchner Bürgermeister von 1893 bis 1919 und Förderer der Münchner Tierparkgründung.

Tierparks ernannt. Die Mitglieder des Vereins begannen sogleich nach der Gründung, um Unterstützung für ihre Zoo-Idee zu werben und finanzielle Mittel zu beschaffen. Als künftigen Standort des Zoos hatte man sich für Thalkirchen

Der Verein Zoologischer Garten wirbt 1907 mit einem Plakat um Spenden für sein Projekt einer Münchner Zoogründung.

entschieden, nachdem zuvor auch der Hirschgarten, ein Areal am Englischen Garten, die Isarauen am Flaucher und vor allem der Herzogpark im Gespräch gewesen waren. Da das Hellabrunner Grundstück größtenteils im Besitz der Stadt war, hoffte man auf kostenlose Nutzung, was schließlich dank des Einsatzes von Bürgermeister Borscht auch zugesagt wurde. Dennoch waren die Kosten, die für die Errichtung eines Zoos errechnet wurden, enorm. 1907 veranschlagte man den damals immensen Betrag von 1,35 Millionen Mark. Ende 1908 zählte der Verein bereits 1.477 Mitglieder, sein Kapital war auf 207.520 Mark angewachsen. Das war beachtlich, doch von der für den Bau des Zoos notwendigen Summe war der Verein noch weit entfernt. 1909 fand eine Lotterie zu Gunsten des Tierparks statt, die aber nicht den erhofften Erfolg brachte. Der Nettoerlös lag bei nur 25.000 Mark.

Prinzregent Luitpold übernimmt die Schirmherrschaft

Um die Idee der Tierparkgründung weiter aufzuwerten, bemühte sich der Verein intensiv darum, den Prinzregenten Luitpold als Schirmherrn des Unternehmens zu gewinnen, doch der sagte ab. Zwar bringe seine königliche Hoheit »den Bestrebungen des Vereins das wärmste Interesse« entgegen, wurde mitgeteilt, doch »mit Rücksicht auf die noch nicht genügende finanzielle Befestigung des Vereins« müsse die Bitte abgelehnt werden. Das Königshaus zeigte sich

Prinzregent Luitpold von Bayern (1821–1912), seit 1910 Protektor des Vereins Zoologischer Garten.

zurückhaltend, seinen Namen für ein Projekt herzugeben, dessen Gelingen unsicher schien. Eine erneute Eingabe, ein Jahr später gestellt, hatte jedoch Erfolg. Der Verein musste aber einen genauen »Vermögens-Ausweis« vorlegen, aus dem hervorging, dass er Mitte 1910 ein Gesamtvermögen von 302.259 Mark und 69 Pfennigen besaß. Das war nicht wesentlich mehr als ein Jahr zuvor, doch inzwischen war die Errichtung des Tierparks realisierbarer geworden. Der Beginn der Bauarbeiten stand unmittelbar bevor, an denen sich auch Münchner Brauereien mit einer größeren Summe beteiligen wollten. Der Prinzregent übernahm nun die ihm angetragene Schirmherrschaft, was weitere Mäzene veranlasste, sich für den Tierpark zu engagieren. So stellte etwa die Firma Kathreiners's Malzkaffee die Mittel für den Bau der Eisbären- und Seelöwenanlage bereit. Im Herbst 1910 konnte tatsächlich mit dem Bau der Zooanlagen begonnen werden.

In aristokratischem Rahmen: Hellabrunn öffnet seine Tore

Am 1. August 1911, morgens um halb zehn Uhr, öffneten sich bei strahlendem Sonnenschein die Tore des Tierparks am Haupteingang, dem heutigen Isareingang. Zahlreiche Prominenz war zur Eröffnungsfeier erschienen, die Spitzen des »Verein Zoologischer Garten«, angeführt von Bürgermeister Borscht, hochrangigen Vertretern der Bayerischen Staatsregierung, Vertretern von Kunst und Wissenschaft sowie den Zoodirektoren von Berlin, Halle, Frankfurt a. M. und Leipzig.

Einladungskarte für den Bayerischen Innenminister Friedrich von Brettreich zur Tierpark-Eröffnung am 1. August 1911.

Auch das bayerische Königshaus war vertreten, allerdings nicht durch Prinzregent Luitpold. Als sein Vertreter war Prinz Franz von Bayern gekommen. Um halb elf Uhr hatten sich die illustren Gäste im Waldrestaurant zu versammeln, dem von Emanuel von Seidl erbauten, im Zweiten Weltkrieg weitgehend zerstörten architektonischen Glanzstück des neuen Tierparks, das sich an der Stelle des heutigen Restaurants befand.

Blick in das Innere des eleganten Hellabrunner Waldrestaurants, erbaut nach Plänen von Emanuel von Seidl.

Blick auf den vor dem damaligen Prinzregentengehege gelegenen Weiher, heute Teil des Afrikageländes.

Dort hatten sie die Ankunft der Mitglieder des Königshauses sowie von Prinz Franz abzuwarten, die standesgemäß mit Kutsche vorfuhren, zuerst, um fünf Minuten vor elf Uhr, die Mitglieder des Königshauses, danach, um Punkt elf Uhr, Prinz Franz, angekündigt durch »drei Fanfaren mit Echo vom Prinzregentengehege«, das an der östlichen Begrenzung des Tierparks, am (heute unbenutzten) Harlachinger Berg, angelegt worden war und den Namen von Prinzregent Luitpold trug.

Nach Ankunft der königlichen Prominenz und verschiedenen Ansprachen erklärte Prinz Franz feierlich den Tierpark für eröffnet. Musikalisch umrahmt wurde die Eröffnungsfeier im eleganten Waldrestaurant mit »Tusch«, »Königshymne« und »Marsch«. Danach unternahm die Festgesellschaft einen Rundgang durch den Tierpark, wobei ihr vom Prinzregentengehege herab singende und »Huldigungen« überbringende Kinder mit Girlanden und Blumenbouquets entgegenkamen. Wer wollte, konnte zum Ausklang der aristokratischen Veranstaltung zum Waldrestaurant zurückkehren und ein »gemeinsames Frühstück« einnehmen: Für fünf Mark wurde, wie die Einladungskarten zur »Eröffnungs-Feier des Tierparks Hellabrunn« vermerkten, ein »trockenes Couvert« serviert.

Emanuel von Seidl

Emanuel von Seidl war der Architekt des ersten Tierparks Hellabrunn. Er entwarf den Gesamtplan und schuf mit dem Waldrestaurant, der Löwenterrasse und dem 1914 fertig gestellten Elefantenhaus die architektonischen Glanzlichter des ersten Hellabrunn.

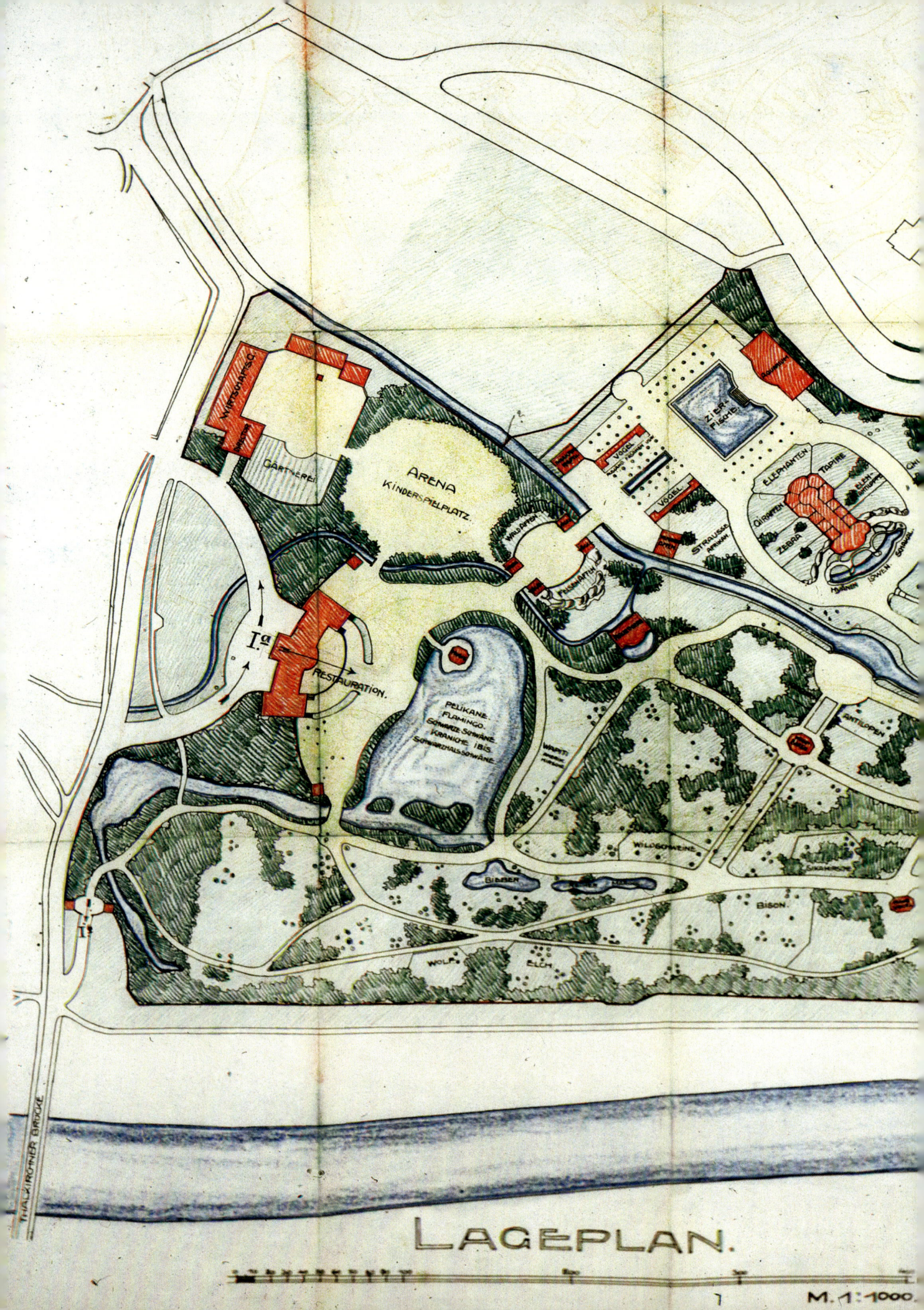

Emanuel von Seidls Generalplan für den Tierpark Hellabrunn aus dem Jahr 1910 mit zentralem Eingangsgebäude im Norden und breiten Alleen. Der Plan konnte aus Kostengründen nur modifiziert verwirklicht werden.

Dabei orientierte er sich an Hagenbecks Reformideen und kritisierte wie dieser die traditionellen Zoologischen Gärten: »Zoologischer Garten, welch unpassendes Wort. Es enthält in sich schon einen Widerspruch, denn die bisherige Äußerlichkeit dieser Anlagen gleicht wohl einem Garten, der aber durch Einteilung, Gitter und Umzäunungen verunstaltet wird.« Von Seidl adaptierte für Hellabrunn aber nur einzelne Elemente von Hagenbecks neuem Zoo. Während Hagenbeck seinen 1907 in Stellingen eröffneten Tierpark künstlich erschaffen, sozusagen aus dem Boden gestampft hatte, entstand in München eine weitgehend naturbelassene Parklandschaft im Stil eines Englischen Gartens, der nur behutsam und mit ganz eigenständiger künstlerischer Note bebaut wurde.

1911/2011: ein Vergleich

Vergleicht man Größe und topografische Gestalt des Tierparks von 1911 mit heute, so hat sich nur wenig verändert. Nur der

Faltplan aus dem ersten Tierparkführer von 1911. Der helle Teil war aus Kostengründen 1911 noch nicht fertig gestellt.

Titelblatt des Tierparkführers von 1911, verfasst vom Münchner Schriftsteller Hermann Roth. Das Titelbild gestaltete Ludwig Hohlwein.

Wisente, Wölfe, Waldbisons, die Großvoliere, das Elefantenhaus und das Kamelgehege liegen. Der Faltplan von 1911 verzeichnet auch die damaligen Planungen für dieses Gebiet: einen großen Kinderspielplatz, Wirtschaftsgebäude und Gärtnerei, Anlagen für Zuchtprojekte mit Fischen und Rindern, ein weiteres Restaurant, Volieren für Vögel sowie Anlagen für Affen und Tiger. All das konnte bis 1922, dem Ende des ersten Hellabrunn, wegen des Geldmangels nicht realisiert werden, einzig das mächtige Elefantenhaus kam 1914 anstelle der Anlagen für Zuchtprojekte hinzu. Ebenso erkennbar wird aus dem Faltplan von 1911, dass der damals bereits geöffnete Teil des Tierparks sich zwar in der Landschaftsgestaltung und in der Anlage des Wegenetzes kaum von heute unterschied, doch grundlegend in der Verteilung der Tier-

nordöstliche Teil des heutigen Tierparks mit Flamingoeingang, Verwaltungsgebäuden, Urwaldhaus, Aquarium und Affenhaus gehörte damals noch nicht zum Tierparkareal. Auch konnten bis zur Eröffnung im August 1911 wegen des fehlenden Geldes nur knapp zwei Drittel des Gesamtareals bebaut werden. Die weiße Fläche im Faltplan des Tierparkführers von 1911 markiert das damals noch unerschlossene Gebiet, in dem heute die Anlagen für

Der Haupteingang des Tierparks Hellabrunn (heute Isareingang) im Jahr 1911.

arten sowie der Lage und Art der Tieranlagen. Nur im westlichen Teil des Tierparks, auf dem Weg vom Isareingang zum Restaurant, befanden sich bereits 1911 einige wenige Tierarten wie die Pelikane an derselben Stelle wie noch heute; auch Eisbären und Seelöwen wurden schon damals in der südwestlichen Spitze von Hellabrunn gehalten. Doch alle großen Tieranlagen aus dem Gründungsjahr des Tierparks sind heute verschwunden, auch alle Gebäude von damals. Das letzte Relikt aus dem Jahr 1911 waren die beiden Kassenhäuschen am Isareingang, die erst 2003 einer modernen, funktionalen Zoo-Shop-Anlage weichen mussten. In ihrer ländlichen, pittoresken Einfachheit verwiesen die Häuschen auf die besonderen Akzente, die die Münchner Tierparkfreunde mit ihrem Architekten Emanuel von Seidl setzen wollten. Der Tierparkführer von 1911, den der Münchner Schriftsteller Hermann Roth verfasst hatte, beschrieb das so: »Die künstlerische Tendenz, die Natur für sich selbst wirken zu lassen, war hier maßgebend.« Eine Parklandschaft mit künstlerischen architektonischen Akzenten – das war das Programm des ersten Hellabrunn.

Seelöwen und Eisbären

Das »Nordland-Panorama« im Stellinger Tierpark war eine der neuen Tieranlagen, mit denen Hagenbeck die Zootierhaltung revolutionierte: eine künstliche, von Holzgerüsten gestützte Felslandschaft, in der, jeweils getrennt durch tiefe Gräben, Eisbären, Rentiere, Seelöwen, Seehunde, Walrosse, Pinguine, Möwen und Lummen vorgeführt wurden. Hagenbecks »Nordland-Panorama« war das Vorbild der Hellabrunner Seelöwen- und Eisbärenanlage, die dank der Spende von Kathreiner's Malz-

Hellabrunner Eisbärenanlage 1912. Sie musste erst 1975 dem neuen Polarium weichen.

Die Hellabrunner Seelöwenanlage 1912. Auch sie bestand weitgehend unverändert bis in die 1970er Jahre.

Blick auf die neue, 2010 eröffnete Hellabrunner Eisbärenanlage.

kaffee bereits 1911 zur Eröffnung des Tierparks fertig gestellt werden konnte. Doch Hagenbecks Vorbild wurde in München nach Maßgabe der Hellabrunner Topografie und des Naturparkkonzeptes umgesetzt. In Hellabrunn entstanden statt eines Gesamtpanoramas drei benachbarte Anlagen für Eisbären, Seelöwen und Kormorane.

Für Eisbären und Seelöwen wurden Felsenschluchten aus Nagelfluhgestein mit aufsteigenden Terrassen angelegt, Stallungen und Wasserbecken in die Felswände gehauen. Die Kormorane erhielten unmittelbar neben dem Seelöwenbecken ein kleineres Wasserbecken. Die Gesamtanlage

Die alte Hellabrunner Eisbärenanlage in den 1960er Jahren.

fügte sich ganz natürlich in die steil aufsteigende Hanglandschaft des Harlachinger Berges ein.

Größere Unterkonstruktionen wie bei Hagenbecks »Nordland-Panorama« waren nicht nötig. Die Hellabrunner Seelöwen- und Eisbärenanlage bestand weitgehend unverändert bis 1975. Danach entstand an gleicher Stelle das Polarium, das 2010 grundlegend umgebaut und wesentlich erweitert wurde, orientiert am ursprünglichen Naturparkkonzept aus dem Jahr 1911.

Rundgang durch das Prinzregentengehege

Die größte und spektakulärste Gehegeanlage des Eröffnungsjahres trug den Namen von Prinzregent Luitpold, des Schirmherrn von Hellabrunn. Auch hier hatte man sich an Hagenbecks Panoramaanlagen orientiert, diese

Entwurf für die Hellabrunner Raubtieranlage aus einer Denkschrift von 1907.

aber entsprechend der topografischen Bedingungen Hellabrunns modifiziert.
Das Prinzregentengehege umfasste das Areal des heutigen Pavianfelsens, das heute unbenutzte Hanggelände des Harlachinger Berges, die dem Pavianfelsen vorgelagerte Teichanlage und Teile der heutigen Afrikaanlage. Von der Eisbären- und Seelöwenanlage kommend, konnte der Besucher zunächst die Teichanlage mit Gänsen, Kranichen, Reihern und Störchen, hinter dem Teich Rehe, Dam- und Rotwild besichtigen. Danach ging es auf steilem Pfad den bewaldeten Harlachinger Berg hinauf. Hier traf er zuerst auf Gehege für Mufflons und Mähnenschafe, dann, unweit der Hangkante, auf ein Felsengehege, das von tiefen Gräben mit glatten, senkrechten Wänden durchzogen war, welche die hier gehaltenen Tiere voneinander trennten. Im höchsten Teil mit einem künstlichen Gebirgssee konnte der Besucher Gemsen, unterhalb davon Braunbären in einem

Die große Anlage für Pflanzenfresser aus der Gründungszeit des Tierparks.

in die Felspartien eingefügten Zwinger sehen. Auf dem Weg bergabwärts überblickte er dann eine große Wiese für Pflanzenfresser, die der Gebirgsszenerie vorgelagert war. Hier grasten Guanakos, Lamas, Dromedare, Trampeltiere, Schafe, Zebras, Esel und ein »Steinbock-Bastard«, eine Kreuzung zwischen Sibirischem Steinbock und Hausziege. Die Panoramaanlage, von der heute nur noch der Pavianfelsen als Schwundstufe übrig geblieben ist, simulierte die natürlichen, unberührten Lebensbedingungen wilder Tiere, die der Besucher ohne Begrenzungen, wie in freier Natur, erleben sollte. In Roths Tierparkführer von 1911 heißt es dazu: »Der Beschauer hat den Eindruck, als ob die verschiedensten Tiergattungen hier vereinigt wären, weil er auf den ersten Blick die Gräben nicht wahrnimmt und nicht die sorgsam angebrachten trennenden Schranken, welche die etwa nicht miteinander harmonisierenden Arten gesondert halten.«

Die Löwenterrasse

Eigentlich sollten nach dem Vorbild von Hagenbeck auch Löwen und Tiger Teil des Prinzregentengeheges sein. Doch von Seidl baute die Raubtieranlage dann abgerückt vom Harlachinger Berg in der Ebene, und zwar exakt an der Stelle, wo heute das Schildkrötenhaus steht. Dort befand sich die so genannte »Löwenterrasse« bis 1995. Laut Roths Tierparkführer war sie der einzige »Zwinger«, »der vollständig künstlich, ohne Benutzung des natürlichen Geländes, aufgeführt

Die Löwenterrasse von Emanuel von Seidl wurde zur Eröffnung des Tierparks 1911 fertig gestellt und erst 1995 abgerissen. An ihrer Stelle befindet sich seitdem das Schildkrötenhaus.

Blick in einen der beiden Pavillonkäfige, die rechts und links die Löwenterrasse flankierten. Foto aus dem Jahr 1912.

ist«. Auch beim Bau der Löwenterrasse griff von Seidl auf eine Hagenbecksche Neuerung in der Zootierhaltung zurück. Er realisierte die Terrasse im Mittelteil als gitterlose Freisichtanlage. Nur ein breiter Wassergraben trennte die dort gehaltenen Löwen vom Publikum.

An den Seiten der Terrasse befanden sich zwei von Gittern umschlossene achteckige Pavillonbauten, in denen 1911 Tiger und Pumas gehalten wurden. Von den drei Freigehegen aus gelangten die Tiere in die Innenkäfige des mit Oberlichtern ausgestatteten, langgestreckten Raubtierhauses. In den ersten Jahren des Tierparks konnten die Besucher hier nicht nur weitere Raubtiere – u. a., so Roth, einen Geparden »aus unseren Kolonien in Deutsch-Ostafrika« –, sondern auch Aquarien und Terrarien für Schlangen, Reptilien, Schildkröten und Krokodile besichtigen. Außerdem besaß das Raubtierhaus an den beiden Längsseiten Freigehege. Unter einem weit vorspringenden Dach waren dort verschiedene Greifvogelarten – Adler, Falken, Bussarde – untergebracht. Im Querbau auf der gegenüberliegenden Seite der Löwenterrasse befanden sich Käfige für Papageien und ein achteckiger Zentralkäfig für verschiedene Affenarten, zudem hatte hier die Tierparkleitung ihr Büro.

Die Löwenterrasse hatte von Seidl im Stil einer aus dem Wüstensand freigelegten Tempelruine gebaut. Das erinnerte an die exotische Tierparkarchitektur des 19. Jahrhunderts. Doch in ihrer Gestaltung als gitterlose Freisichtanlage wies die Löwenterrasse in die Zukunft. Heute sind solche Freisichtanlagen für Raubtiere ein ganz gewöhnlicher Bestandteil moderner Zoos.

Ein »Dickhäuterhaus«

Mit dem Elefantenhaus schuf sein Architekt Emanuel von Seidl etwas in München Einzigartiges. Das Elefantenhaus hieß damals noch »Dickhäuterhaus« und wurde am 14. November 1914 eröffnet. Von der Besonderheit des Gebäudes mit elliptischem Grundriss, den vier runden Eckpavillons und der freitragenden Kuppel im Ausdehnungsverhältnis von 26 zu 36 Metern kann sich der Besucher noch heute selbst überzeugen, denn das Elefantenhaus ist das einzige Gebäude aus der Gründungszeit des Tierparks, das seit 1914 weitgehend unverändert besteht. Die inneren Tiergehege wurden mehrmals renoviert und den Erfordernissen der modernen Tierhaltung angepasst, die Außenwände 2010/11 nach Maßgabe der ursprünglichen Gestalt renoviert. Man betritt das Elefantenhaus durch orientalisch anmutende Tore, die von ägyptischen Pfeilern flankiert werden. Die Begrenzung der Außenanlagen zeichnet die geschwungene Linie im Grundriss der Außenwände nach. Im Eröffnungsjahr hatte der Tierpark für das »Dickhäuterhaus« bei der Tierhandlung Ruhe in Alfeld einen indischen und afrikanischen Elefanten sowie ein Flusspferd gekauft. Vorübergehend waren im »Dickhäuterhaus« weitere Tiere untergebracht, u. a. drei Wasserbüffel.

Die Presse feierte den »neuen Anziehungspunkt«: »Nun ist in Münchens unvergleichlich schönem Naturpark Hellabrunn ein Mangel behoben, der immer wieder beklagt worden war, namentlich von den Kleinsten: Es ist ein Elefant da!«, schrieb der »Bayerische Kurier«. Allerdings fiel die Eröffnung des Elefantenhauses bereits in die Zeit nach Ausbruch des Ersten Weltkriegs. Und mit dem Krieg begann für den Tierpark eine Zeit finanzieller Probleme, die zunehmend schlimmer wurden. Von den Schulden, die für die Finanzierung des Elefantenhauses aufgenommen werden mussten – der Bau hatte beinahe 300.000 Mark verschlungen – hat sich der Tierpark nicht mehr erholt. 1922 musste der »Verein Zoologischer Garten« Insolvenz anmelden.

Hellabrunn scheitert

Mit immer neuen Plänen wurde seit 1921 versucht, das drohende Ende des Tierparks zu verhindern. Doch alle scheiterten. Nach der Liquidation musste auch über den Verbleib der Tiere entschieden werden. Der Tiergarten Nürnberg meldete sich im März als erster Kaufinteressent. Die Nürnberger betonten, dass die Hellabrunner Tiere unbedingt in Deutschland bleiben müssten. Als Mitte Juli 1922 der Bestand verkauft wurde, teilten sich ihn hauptsächlich der Tiergarten Nürnberg und die Tierhandlung Ruhe in Alfeld zu einem Preis von insgesamt zwei Millionen Mark.

Die Liquidatoren des Tierparks Hellabrunn hatten sich allerdings zunächst ein Widerrufsrecht vorbehalten, falls Hellabrunn in letzter Minute doch noch gerettet werden könnte – doch das blieb ein Wunschtraum. So musste der Verkauf endgültig abgewickelt werden. Die beiden letzten Tiere, die Hellabrunn verließen, waren der afrikanische Elefant und das Flusspferd. Sie wurden an einen tschechoslowakischen Zirkus verkauft. Dabei bereitete der Transport des Flusspferds einige Schwierigkeiten, obgleich eigens ein Wagen mit Warmwasserheizung konstruiert worden war. Beim Umladen zertrümmerte das Nilpferd eine Fensterscheibe und brach sich noch dazu einen Zahn ab. So endete der erste Tierpark in Hellabrunn kläglich.

Das 1914 eröffnete Elefantenhaus von Emanuel von Seidl, einziges Bauwerk aus der Gründungszeit des Tierparks Hellabrunn, das heute noch steht.

Plakat für die »Propaganda-Schau« von 1928, mit der für die Wiedereröffnung des Tierparks geworben wurde.

Neubeginn

Nach der Schließung des Tierparks wurde das Areal als Städtischer Volkspark genutzt. Ein »Hilfsbund« von Münchner Bürgern setzte sich jedoch bald für die Wiedereröffnung des Tierparks Hellabrunn ein.

Der »Hilfsbund«

Der »Hilfsbund« Münchner Bürger machte in Versammlungen, über die die Münchner Presse ausführlich berichtete, »Stimmung für die Wiedererweckung des Münchener Tierparks« und veranstaltete Lotterien, um die Neugründung auch finanziell voranzutreiben. Die Initiativen hatten Erfolg. Schon 1928 konnten die Münchner in Hellabrunn wieder exotische Wildtiere bestaunen.

Auch mit Briefmarken wurde für die Wiedereröffnung geworben. Gestaltet hat sie der Grafiker S. von Suchodolski.

»Propaganda-Schau« für den neuen Tierpark

Die Ausarbeitung des Wiederaufbauprojektes hatte der aus Mitgliedern des »Hilfsbund« gebil-

Heinz Heck, von 1928 bis 1969 Direktor des Tierparks Hellabrunn.

dete »Tierparkausschuss« dem jungen Zoologen Heinz Heck (1894–1982) übertragen, Sohn des Berliner Zoodirektors Ludwig Heck und Schwiegersohn von Heinrich Hagenbeck, der zusammen mit seinem Bruder Lorenz nach dem Tod von Carl Hagenbeck den Stellinger Tierpark betrieb. Heck widmete sich seit 1927 dem Wiederaufbau von Hellabrunn. Eine von ihm von

Bereits in der »Propaganda-Schau« von 1928 wurde das Geozooprinzip vorgeführt.

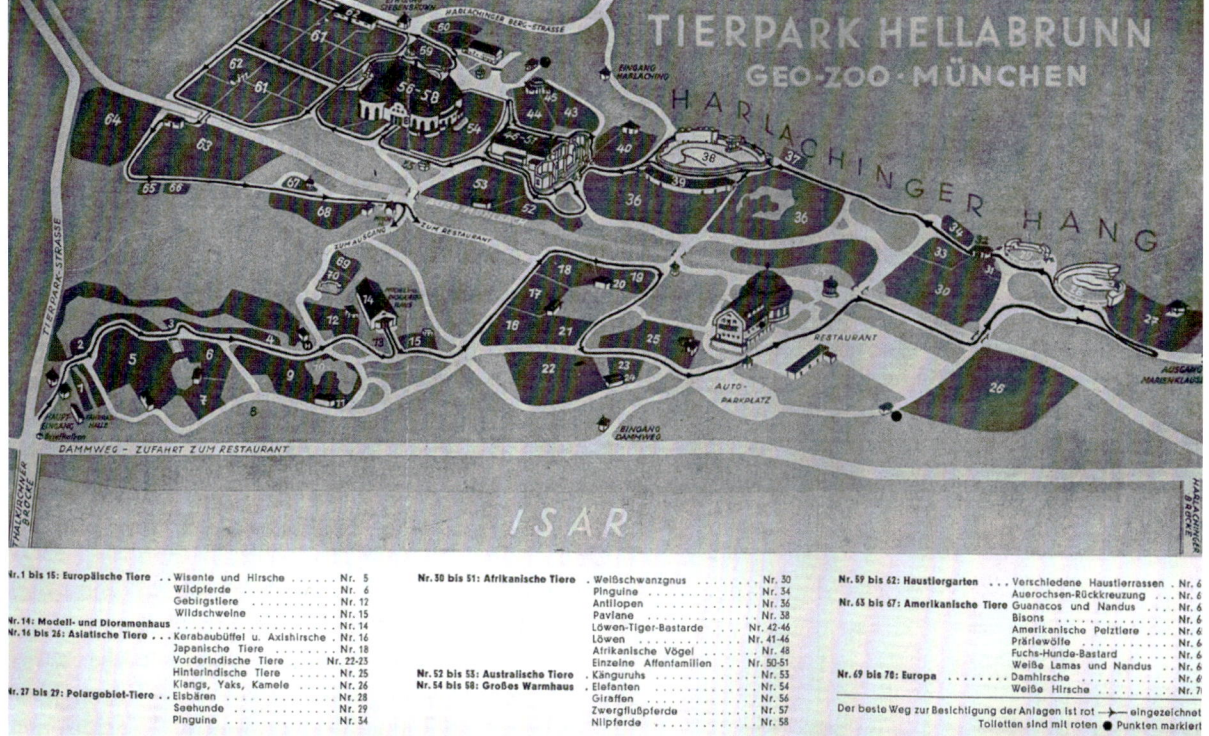

Hellabrunn als Geozoo: Plan des Tierparks aus dem Tierparkführer von 1931. Die Linie markiert den vorgeschlagenen Rundgang.

Mai bis Oktober 1928 in Hellabrunn veranstaltete Werbeschau für die Wiedereröffnung des Tierparks brachte die Wende.

Mit finanzieller Unterstützung der Stadt, die auch das Gelände unentgeltlich zur Verfügung stellte, wurden die Tieranlagen provisorisch wieder in Stand gesetzt, Tiere ausgeliehen, Pressekampagnen gefahren und spektakuläre Attraktionen wie gemalte Tierpanoramen und Dioramen der vorzeitlichen Tierwelt vorgeführt. Die »Tierpark-Propaganda-Schau« war, auch finanziell, so erfolgreich, dass die Neugründung unmittelbar aus ihr hervorging. Der Tierpark blieb nach dem Ende der Werbeschau einfach weiter geöffnet.

Der neue Tierpark, eine Aktiengesellschaft

Aus dem Scheitern des alten Tierparks zog der »Tierparkausschuss« den Schluss, den neuen Tierpark nicht mehr als Verein, sondern als Aktiengesellschaft zu gründen und damit den Weg der üblichen Finanzierungsform Zoologischer Gärten in Deutschland zu gehen. Am 30. Januar 1929 wurde der neue Tierpark, ausgestattet mit einem Startkapital von 600.000 Mark, als »Münchner Tierpark-Aktiengesellschaft« formell gegründet. Die Stadt München hatte bereits im April 1928 Vorzugsaktien mit dreifachem Stimmrecht im Wert von 200.000 Mark übernommen. Sie wurde zur Mitgründerin des Tierparks und konnte,

Tierparkaktie. Der neue Tierpark wurde 1929 eine Aktiengesellschaft. Neben 2.000 Vorzugsaktien wurden 4.000 Stammaktien zu je 100 Mark ausgegeben.

wie noch heute, einen Bevollmächtigten in den Aufsichtsrat entsenden. Diesmal war die Gründung ein voller Erfolg. Der Tierpark entwickelte sich rasant. Bereits 1931 war er nach Berlin der zweitgrößte Zoo Deutschlands. Im selben Jahr konnte die Aktiengesellschaft von der Stadt das Tierparkgelände käuflich erwerben. Ab 1934 stiegen die Besucherzahlen stetig an. Auch international errang der Tierpark mit dem neu eingeführten Geozooprinzip großes Renommee. 1936 konnte Heinz Heck, seit 1928 und bis 1969 Direktor des Tierparks, rückblickend schreiben: »Der junge Münchener Tierpark ist in den wenigen Jahren seines Bestehens weltberühmt geworden. Die neue schöne Idee des geographischen Tierparks, welche die beste Möglichkeit zu anschaulicher Belehrung, zu gesunder Tierhaltung und erfolgreicher Tierzucht gibt, hat ihm viele Anhänger im Inland und Ausland verschafft.«

Aus dem Tierpark wird ein Geozoo

Heinz Heck entwarf für den Münchner Tierpark ein neues Modell: gegliedert nach Erdteilen, als Abbild der geografischen Verteilung der Tierwelt, den so genannten Geozoo, wie er heute noch Hellabrunn prägt. Prinzip des Geozoos ist es, Tiere nach Herkunftsregionen zu präsentieren. Bereits die »Tierpark-Propaganda-Schau« von 1928 propagierte den neuen Geozoo. Der Rundgang der Werbeschau führte vom Isareingang zur heimischen und europäischen Fauna, danach über die Tiere aus Asien, Nordamerika, Grönland, Feuerland, Afrika und Südamerika zum Elefantenhaus. Den Abschluss bildete der Parkteil Australien.

Heck war der Vater des geografisch gegliederten Tierparks. Die Gehegeanlagen wollte Heck möglichst den natürlichen Gegebenheiten der ursprünglichen Heimat der Tiere anpassen. Tiere mit ähnlichen Lebensgewohnheiten und Bedürfnissen sollten gemeinsam in Familienverbänden gehalten werden. Heck beschrieb das neue Konzept an einem Beispiel: »Bezirk Asien. Im Vordergrund Kamele, Yaks, Urwildpferde, Maralhirsche, asiatische Kälte gewohnte Antilopen, Schneehasen, Pfeifhasen, Mandschuren-Kraniche, Rothalsgänse, Mandarin-Enten, Goldfasanen, Silberfasanen, alles auf einer großen Fläche durcheinander laufend. Im Hintergrund sibirische Tiger, Schneeleoparden. Das Ganze zu einem künstlerisch schönen Bild von Tieren in scheinbarer Freiheit vereinigt.«

Der Geozoo nach Heinz Heck

➤ Geografische Gliederung des Tierparks nach Kontinenten

➤ Präsentation der Tiere nach ihren Herkunftsregionen

➤ Gehegeanlagen, die an den Gegebenheiten der ursprünglichen Heimat der Tiere orientiert sind

➤ Zusammenführung von Tieren mit ähnlichen Lebensgewohnheiten und Bedürfnissen

➤ Haltung von wenigen Tierarten, aber in mehreren Exemplaren und in Familienverbänden

➤ Möglichkeit der Tierbeobachtung wie in der Wildbahn

Weltreise durch alle Erdteile

Schon im alten Tierpark hatte man ja die traditionellen Gitterkäfige, wenn möglich, vermieden und Panoramaanlagen geschaffen, um dem Betrachter einen natürlichen Eindruck zu vermitteln. Vorbild war der Tierpark von Carl Hagenbeck gewesen. Daran orientierte sich nun auch Heck. Die Panoramagehege und überhaupt der gesamte Tierpark sollten aber nach dem Prinzip der geografischen Herkunft der Tiere eingerichtet werden. Das ließ sich nicht in reiner Form umsetzen, denn es galt und gilt noch heute, auch praktische Gesichtspunkte der Tierhaltung zu berücksichtigen. Mit der Möglichkeit, in Hellabrunn die ganze Welt imaginieren zu können, hatte der Hellabrunner Geozoo bei Publikum und Presse großen Erfolg: »Ohne Strapazen, Fahrplanschmerzen und sonstige ›Reiseunannehmlichkeiten‹, und schneller als das schnellste aller modernen Flugzeuge«, konnte man 1933 in der »Münchner Abendzeitung« lesen, »führt die Hellabrunner Weltreise durch alle Erdteile mit ihrer vielgestalteten und hochinteressanten Tierwelt«.

Mhorrgazelle, eine vom Aussterben bedrohte Tierart aus der Wüste Nordafrikas.

Hellabrunn als Tierzuchtfarm

Bei den Argumenten, mit denen für die Wiedereröffnung des Tierparks geworben wurde, spielten Tierschutz und Arterhaltung eine entscheidende Rolle. Die Realisierung dieser Aufgaben sah man vor allem durch »Tierzucht« gewährleistet. Hellabrunn könne dadurch ein »Hort für Naturschutzbestrebungen«, eine »riesige Zuchtfarm für exotische und zugleich für aussterbende Tiere« werden, was auch finanzielle »Gewinnmöglichkeiten« erwarten lasse, hieß es 1927 in den »Münchner Neuesten Nachrichten«, der Vorläuferin der »Süddeutschen Zeitung«. Auch für dieses Ziel schien Heck der richtige Mann, hatte er doch bereits 1918, im Alter von nur 24 Jahren, für die Behringwerke eine Tierzuchtfarm bei Marburg aufgebaut. Die Tierzucht wurde zum großen Anliegen der Ära Heck. Durch die Zucht von Tieren für den eigenen Bestand und für den Verkauf an andere Zoos konnte der Tierpark tatsächlich Ausgaben einsparen.

Bärenbastarde und Tigerlöwen

Über Hecks Erfolge in der Tierzucht wurde in der Presse ausführlich berichtet. Noch heute gehört ja die Geburt von Nachwuchs zu den Topthemen der Berichterstattung über Zoos. Über die Geburt von vier Steinböcken im Jahr 1930 schrieb etwa die »Münchner Zeitung«: »Wenn die Aufzucht dieser in den Alpen ausgestorbenen Tiere einen entsprechenden hohen Stand erreicht hat, sollen im bayerischen Gebirge von hier aus diese wundervollen Kletterer wieder eingesetzt werden.«

Als 1931 in Hellabrunn ein Wisentkalb geboren wurde, berichtete die Presse von einer »Sensation«, da es noch keinem Zoo gelungen sei, die vom Aussterben bedrohten Wisente zu züchten. Ein weiterer bedeutender Zuchterfolg war der Aufbau einer Herde von Przewalski-Pferden.

Historische Abbildung eines Auerochsen (oben) und ein Hellabrunner Auerochse.

Mit seinen Züchtungsprogrammen verfolgte Heck auch das Anliegen, Verwandtschaftsverhältnisse zwischen Tieren zu ermitteln und frühere Entwicklungsstufen zu rekonstruieren. Eine der damals auch von anderen Zoos dafür angewandte, heute als fragwürdig geltende Methode war die Bastardzüchtung. In Hellabrunn wurden etwa Eisbären mit Braunbären und

Hellabrunner Przewalski-Pferde. Das Przewalski-Pferd ist das einzige Wildpferd, das bis heute überlebt hat.

Tiger mit Löwen erfolgreich gekreuzt. Das Ergebnis vermittle ein Bild davon, so Heck über den in Hellabrunn geborenen Bärenbastard »Hella«, »wie man sich das jetzt ausgestorbene Tier vorzustellen hat, das der Eisbär und der Braunbär als gemeinsamen Vorfahren hatten«.

Mit der Kreuzung sei deshalb eigentlich kein »neues Tier« entstanden, vielmehr ein »uraltes«. Der Verbildlichung ausgestorbener Tierarten dienten auch die Rückzüchtungen des Auerochsen und des Tarpans. Beim Publikum waren die Bastarde äußerst beliebt, wissenschaftlich sind sie heute verpönt.

*Hellabrunner Kreuzung aus Eisbär und Braunbär.
Foto aus den 1930er Jahren.*

*Titelblätter der Tierparkzeitschrift »Das Tier und Wir«, die seit 1929 monatlich erschien.
Auf populäre und humoristische Weise vermittelte die Zeitschrift einem breiten Publikum Wissen über die Tiere in Hellabrunn.*

»Das Tier und Wir«

Heck sah sich vor allem als Volksaufklärer, der dem Zoobesucher ein authentisches und »wissenschaftlich korrektes« Bild der Tierwelt vermitteln wollte. Auch diesem Anliegen diente sein Tierzuchtprogramm. Das verdeutlicht der so genannte »Haustiergarten«, den Heck nördlich des Elefantenhauses in dem Areal anlegen ließ, auf dem dann 1936 das Affenhaus und 1938 das Aquarium entstanden. Im »Haustiergarten« wurden einheimische und fremde Haus- und Nutztiere gehalten. Heck wollte den Besuchern eben nicht nur Wildtiere, sondern auch Nutztiere aus verschiedenen Kulturen nahebringen, auch um die optimalen Haltungsbedingungen von Nutztieren studieren zu können.

Der Wille zur Volksaufklärung kam vor allem in der Tierparkzeitschrift »Das Tier und Wir« zum Ausdruck, die seit 1929 monatlich erschien. In ihr veröffentlichte Heck populärwissenschaftliche Artikel über den Tierpark und die in ihm lebenden Tiere. Die Tiere erhielten hier individuelle, emotional anrührende Charakterzüge. Den ersten weiblichen Elefanten des Tierparks nannte man meist nur bei ihrem Namen »Lelabati« und über die Pinguine konnte man in der »Abendzeitung« lesen: »Bei ihnen allerdings ist weniger der Spieltrieb der hervorragende Charakterzug, als vielmehr die philosophische Beschaulichkeit. Denn die meisten dieser Nordlandvögel, besonders der Felsen- und Königspinguin, sitzen stundenlang ruhig auf dem Felseneiland in der Mitte des Wasserbeckens.« Tiere wurden als menschliche Wesen mit besonderen Charakterzügen gezeichnet. Solche Artikel finden sich zahlreich in damaligen Zeitungen, Zeitschriften und eben auch in »Das Tier und Wir«. Sie verweisen auf die veränderten, emotionalisierten Beziehungen zwischen Publikum und Zootier und hatten großen Erfolg, der bis in die Gegenwart ungebrochen ist. Das belegen heute vor allem die zahlreichen Zoo-Dokus.

Wohnungen und Schlafzimmer für Menschenaffen

Im Unterschied zu seinem Vorläufer von 1911 hatte das neue Hellabrunn Erfolg. So konnte die neue Tierpark-Aktiengesellschaft bald an den Ausbau des Tierparks denken. Geplant waren

Innenhof der Hellabrunner Menschenaffenstation, gebaut nach Plänen des Architekten Max Koch und 1936 eröffnet.

eine »Menschenaffenstation«, ein Aquarium, eine Wisentfreianlage, tropische Gewächshäuser, ein Insektarium, ein »Tigertal« sowie eine

Freianlage für Braunbären. Realisiert wurden Wisentfreianlage, Menschenaffenstation und Aquarium. Die anderen Bauvorhaben mussten wegen des Kriegsausbruchs 1939 eingestellt werden. Erst weit nach dem Zweiten Weltkrieg konnten sie nach und nach verwirklicht werden. Die Menschenaffenstation war der erste vollständige Neubau des zweiten Hellabrunn. 1936 eröffnet, jedoch erst 1938 endgültig fertiggestellt, steht sie noch heute zwischen Elefanten- und Urwaldhaus, allerdings in stark veränderter Gestalt. Welches Bild sich dem damaligen Besucher bot, dokumentiert ein Bericht für den Aufsichtsrat der Tierparkgesellschaft aus dem Jahr 1937, aufschlussreich auch für die darin zum Ausdruck kommende anthropomorphe Wahrnehmung der Menschenaffen. Kam der Besucher damals in den Innenhof, so konnte er vom »Besucherhof« aus sechs Häuser betreten, in denen die verschiedenen Menschenaffengruppen in »Wohnungen« lebten. Jedes Haus besaß einen Außenraum zum Innenhof mit Glasdach und einen dahinter liegenden großen Innenraum mit »Schlafzimmer«. In der Mitte des Hofes lag die Station für Menschenaffenkinder. Sie bestand aus einem »Schlafzimmer« mit 15 Betten, einer »Kinderküche«, einem großen beheizbaren »Spielraum«, einer überdachten »Turnhalle« im Freien und einer Freianlage mit Turn- und Klettergeräten. Um die Freianlage herum waren Publikumstribünen mit Sitz- und Stehplätzen angelegt, die noch heute teilweise vorhanden sind. Sie schlossen damals

Plakat von 1969, das die Besichtigung der Orang-Utan-Zwillinge anpries.

den Innenhof nach Süden hin ab. Heute befindet sich an der Südseite das Haus für Niederaffen mit einem ausgedehnten Freigehege, das in den 1970er Jahren von dem Architekten Jörg Gribl zusammen mit der Freianlage für Gibbons an der Westseite gebaut wurde, orientiert an Plänen aus den 1930er Jahren, die schon damals eine Umklammerung der gesamten Anlage durch große Gewächshäuser mit Außenfreianlagen vorsahen.

Größtes Menschenaffenhaus der Welt

Architekt der neuen Menschenaffenstation war Max Koch. Im Unterschied zu Emanuel von Seidl, dem Architekten des ersten Tierparks, ist Koch heute weitgehend vergessen. Er baute die Menschenaffenstation, in deutlichem Kontrast zur verspielten Dekor- und Kulissenarchitektur von Seidls, im Stil der neuen Sachlichkeit.

Blick ins Rondell der Menschenaffenstation im Jahr 1937.

Leitideen waren Funktionalität und Zweckmäßigkeit. »Die Schönheit der Anlage«, heißt es im Bericht für den Aufsichtsrat, »hat sich aus der reinen Zweckmäßigkeit ergeben.« So diente die Überdachung der Außenräume und die Geschlossenheit des Hofes mit dem dadurch gewährleisteten Windschutz dem Zweck, den empfindlichen Menschenaffen an möglichst vielen Tagen des Jahres den Aufenthalt in ihren Außengehegen zu ermöglichen. Überhaupt sollte der schmucklose Gebäudekomplex den wissenschaftlichen Charakter der Menschenaffenstation als Forschungsstätte unterstreichen. Für diesen Zweck hatte man in dem Gebäudekomplex Beobachtungsstationen eingerichtet, die für das Publikum unzugänglich waren. Größe und Anspruch der neuen Menschenaffenstation waren damals ohne Vorbild. Die Presse rühmte sie als »größtes Menschenaffenhaus der Welt«.

Unterwasserreise durch die Meere der Erde

Das Hellabrunner Aquarium hat im Unterschied zur Menschenaffenstation noch heute weitgehend dieselbe Gestalt wie zur Zeit seiner Eröffnung im Jahr 1937. Es erstreckt sich zum überwiegenden Teil in den ausgedehnten Kellerräumen unter dem gesamten Haupthaus der Menschenaffenstation, nur der zweigeschossige Eingangstrakt

Blick in die Eingangshalle des 1937 eröffneten Hellabrunner Aquariums.

liegt an der Oberfläche. Wie noch heute befindet er sich, ausgestattet mit einem Glasoberlicht, nördlich der Menschenaffenstation und ist heute auch vom Urwaldhaus aus erreichbar. Über zwei nebeneinander liegende Treppenabgänge gelangt man von der Eingangshalle in den unterirdischen, 1.400 Quadratmeter großen Hauptraum des Aquariums. In der völligen Dunkelheit des Raumes mit seinen Stützpfeilern und dazwischen liegenden Sitzbänken treten die hell erleuchteten Aquarienbecken umso klarer hervor. »Bei einem Rundgang tritt man sozusagen eine Unterwasserreise durch die verschiedenen Meere der Erde und durch die Ströme und Seen der verschiedenen Erdteile an«, schrieb Heinz Heck in seinem 1938 publizierten Führer durch das Aquarium. Auch die Fische wurden also in Hellabrunn nach dem Prinzip des Geozoos präsentiert. In der Rückwand der Eingangshalle waren, in drei übereinander liegenden Reihen und nach Kontinenten geordnet, 24 kleine Aquarienbecken mit Süßwasserfischen aus Asien, Afrika, Südamerika und Australien untergebracht. In Nischen an den Seitenwänden befanden sich, wie noch heute, kleine Bassins mit Zierbrunnen, in denen ostasiatische Goldfische schwammen.

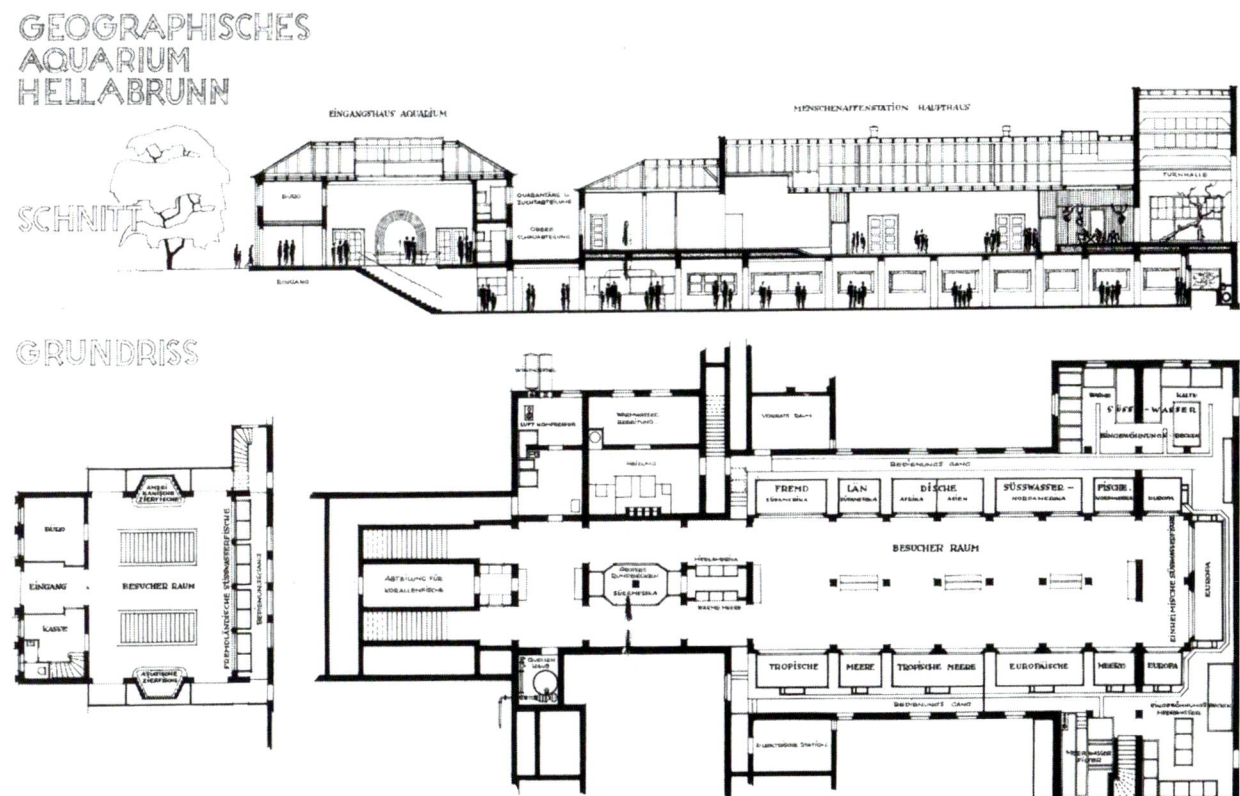

Grundriss des Hellabrunner Aquariums, das nach Plänen des Architekten Max Koch gebaut wurde.

Der unterirdische Hauptraum des Aquariums gliederte sich, und gliedert sich noch heute, nach Süßwasser- und Meeresfischen. Die Schaubehälter der linken Wandseite zeigen exotische Süßwasserfische, die der rechten Wandseite Meeresfische, jeweils geordnet nach ihrer Herkunft. An der Stirnseite schwimmen im größten Becken des Aquariums einheimische Süßwasserfische. Bei den Treppenaufgängen im vorderen Teil befindet sich in der Mitte des Raumes ein weiteres großes Becken mit südamerikanischen Fischarten.

Nutzung modernster Technik

Im Jahr seiner Eröffnung besaß das Hellabrunner Aquarium mit über 400 Fischarten in 15.000 Exemplaren die größte Fischsammlung Europas und bot den vollständigsten Überblick über die Fischarten aller Zonen. Einige Fischarten wie Piranhas waren damals erstmals in einem Aquarium zu sehen. Das Aquarium war aber auch technisch eine Meisterleistung. Max Koch, nach dessen Plänen es errichtet wurde, setzte die damals modernste Technik ein. Hinter den Schaubecken ließ er, wie in der darüber liegenden Menschenaffenstation, für das Publikum unzugängliche Bedienungsgänge anlegen. Noch heute sind sie mit Abteilungen für zahlreiche Zucht- und Quarantänebecken verbunden. Dort befinden sich auch die aufwändigen technischen Installationen für den Betrieb der Anlage. Die Süßwasserbecken werden ganzjährig von eigenen Quellen gespeist. Das Meerwasser wird künstlich hergestellt. Süß- und Meerwasser befinden sich in geschlossenen Kreisläufen, in denen sie mechanisch und chemisch gereinigt werden. Beide Anlagen, Menschenaffenstation und Aquarium, trugen wesentlich zum Aufstieg des Münchner Tierparks zu einem der weltweit attraktivsten Zoos bei.

Tierpfleger Schwaiger arbeitet an den Meerwasserpumpen des Aquariums.

Zoodirektor Heinz Heck (li.) begutachtet für das Aquarium aus Südamerika importierte Fische.

Kriegs- und Nachkriegszeiten

Als im September 1939 der Zweite Weltkrieg begann, fragten sich viele Tierparkliebhaber, was aus Hellabrunn werden sollte. Die Bedenken waren nicht unbegründet, hatte doch das erste Hellabrunn die Folgen des Ersten Weltkriegs nicht überstanden.

Beunruhigte Zoofreunde

Besorgte Leser der Tierparkzeitschrift »Das Tier und Wir« hatten sich an den Zoo gewandt und gefragt, ob denn noch alle Tiere versorgt werden könnten und wie drohenden Gefahren durch Bomben zu begegnen wäre. Um die Besucher zu beruhigen, veröffentlichte Alfred Zoll, der seit 1935 im Tierpark arbeitete und unter anderem für die Pressearbeit zuständig war, einen längeren Artikel in der Zeitschrift.

Vorsorge für den Krieg

Alfred Zoll behandelte die Frage, wie man in Hellabrunn mit den Schwierigkeiten, die ein Krieg mit sich bringt, umgehen wollte. Bautechnisch hatte der Tierpark erst vor kurzem eine Reihe von Reparaturen durchführen lassen, sodass die Gebäude eine Zeitlang mit geringerem Budget bewirtschaftet werden konnten. Die Futterversorgung der »Heufresser« sei gesichert, so Zoll, da der Sommer 1939 eine ungewöhnlich ertragreiche Heuernte gebracht hatte. Alle »Heufresser« könnten einen Winter lang aus eigenen Mitteln ernährt werden. Der Tierpark wollte also möglichst sparsam mit den vorhandenen Ressourcen haushalten. So wurde der Tierbestand stärker ausgedünnt, »überflüssige Fresser«, wie beispielsweise überzählige männliche Tiere, wurden verkauft, weggegeben oder getötet.

Im Januar 1944 feierte Heinz Heck seinen 50. Geburtstag im Aquarium. Ganz rechts Tierparkinspektor Kreisl, Mitglied der NSDAP.

Eine weitere Maßnahme zur Futtereinsparung betraf die Abschaffung der meisten einheimischen Tierarten wie Heidschnucken, Gebirgsziegen und einige europäische Hausrinderrassen. Besonders heikel in schwierigen wirtschaftlichen Situationen ist die Ernährung der Menschenaffen, die sich hauptsächlich auf importierte Südfrüchte stützt. Hier fand der Tierpark einen Ausweg in

terfrage in den Hintergrund drängten. Ein großer Teil der »Wärter« (so nannte man damals Tierpfleger) und Tierparkangestellten wurde zum Kriegsdienst eingezogen. Weil der Tierpark noch nicht lange bestand und bei der Neugründung 1928 eine junge Generation von Tierpflegern eingestellt worden war, gab es auch nicht die Möglichkeit, auf ältere, bereits pensionierte Tierpfleger zurückzugreifen. Man konnte aber nicht einfach den Arbeitsumfang kürzen. Daher mussten diejenigen, die nicht eingezogen worden waren, sowie die vorübergehend eingestellten Hilfskräfte die Arbeit in Extraschichten mit übernehmen.

Angst vor ausbrechenden Tieren

Die Münchner sorgten sich aber nicht nur um das Wohl der Tiere, sondern auch um das ihrige. Sie befürchteten, dass gefährliche Tiere nach einem Bombenangriff aus ihrem Gehege entkommen könnten. In London waren aus diesem Grund vorbeugend alle giftigen Reptilien und Insekten getötet worden. Alfred Zoll gab auch hier Entwarnung. Von vorsorglicher Tötung hielt er nichts, da die betreffenden Reptilien, sobald sie dem Münchner Klima direkt ausgesetzt wären, ohnehin keinem Menschen mehr gefährlich werden könnten.

Alle anderen Tiere hingegen, beispielsweise Raubtiere, fühlten sich in ihren Gehegen sehr wohl und würden nicht ohne Weiteres Spaziergänge durch die unbekannte Stadt unternehmen. Und falls sie doch entkämen, bedeute dies noch lange keine

Titelblatt der Tierparkzeitschrift »Das Tier und Wir« im November 1939.

der künstlichen Nahrungsergänzung: Affen bekamen alle lebenswichtigen Vitamine in Pillenform gereicht, zusammen mit heimischem Obst und Gemüse. Großkatzen wurden mit Pferdefleisch ernährt, alle anderen Fleischfresser Hellabrunns ohnehin hauptsächlich mit Innereien gefüttert. In den ersten Kriegsmonaten ergaben sich für Hellabrunn aber weitere Probleme, die die Fut-

unmittelbare Gefahr für die Münchner, denn ein Angriff sei unwahrscheinlich. Für Zoll bestand außerdem nicht die Frage, ob der Tierpark jemals von einer Bombe getroffen werden könnte. Schließlich läge Hellabrunn außerhalb der Stadt, der Tierpark böte für Bombenflugzeuge kein geeignetes Ziel, zudem sei das ganze Gebiet stark bewaldet und deshalb aus der Luft nur schwer zu erkennen. Zoll war also zuversichtlich, dass Hellabrunn den Krieg ohne größere Aus- und Zwischenfälle überstehen könnte. Tatsächlich ließen die ersten Probleme aber nicht lange auf sich warten, denn mit dem nur wenige Monate später beginnenden Winter kamen Schneefälle, die Hellabrunn so schnell nicht vergessen sollte.

Der strenge Winter 1939/1940

Im Winter 1939/1940 hatte Deutschland mit einer ungewöhnlich strengen Kälte zu kämpfen. In Hellabrunn waren Tiere und Menschen auf eisige Temperaturen eigentlich bestens vorbereitet, weil im Münchner Winter nicht selten strenger Frost herrscht. Ungewöhnlich waren aber die damals enormen Schneemassen, unter denen der Tierpark zu verschwinden drohte. Bereits Anfang Dezember war innerhalb von nur drei Tagen so viel Schnee gefallen, dass die ersten kleineren Bäume unter dem Gewicht nachgaben. Im Verlauf des Winters blieben die Tempera-

Schwierige Nahrungssituation in Kriegszeiten: ein abgemagerter Löwe.

Hellabrunner Antilopen im Schnee.

turen stabil, ohne kürzere Tauperioden, und so sammelte sich im Laufe der Monate ein immer höheres Gewicht auf Gebäuden, Zäunen und Bäumen. Die Belastung war so hoch, dass schließlich selbst 200 Jahre alte Baumriesen nicht mehr standhielten und in die Gehege stürzten. An den Umzäunungen der Wildgehege wurden das Drahtgeflecht und die Eisenpfosten eingedrückt.

Wirklich großer Schaden entstand aber nur an zwei Außenkäfigen des Löwenhauses, bei denen die Dächer einstürzten. Die Sibirischen Tiger, die sich zum Zeitpunkt des Einsturzes in diesen Gehegen aufhielten, konnten sich aber selbst rechtzeitig in Sicherheit bringen.

Die Menschenaffenstation im Rohbau im Jahr 1936.

Erfreulicherweise blieb es in Hellabrunn bei Sachschäden. Keines der Tiere erlitt Erfrierungen wegen der eisigen Temperaturen oder starb.

In München hatten die Tierpfleger Vorarbeit geleistet, um die Tiere an winterliche Temperaturen zu gewöhnen. Heinz Heck verfolgte – besonders bei den Menschenaffen – eine strikte Abhärtungstherapie. Zwar herrschten in den Innenräumen des Affenhauses konstante 20 Grad Celsius, es wurde aber mehrmals am Tag kräftig durchgelüftet und auch bei Temperaturen bis zu minus 15 Grad wurden die Affen für ein paar Minuten ins Außengehege geschickt. Laut Heck stärkte diese Behandlung die Widerstandsfähigkeit der Lungen und bewahrte die Tiere davor, dass sie »Gewächshauspflanzen werden und sich dann bei dem geringsten Luftzug erkälten«. So gelang es zwar, den Tierpark trotz Schneemassen gut durch den strengen Winter zu bringen, aber das dicke Ende kam wenige Monate später.

Im Mai 1940 folgte auf die niederschlagreichen Vormonate ein Hochwasser, dem Hellabrunn kaum etwas entgegenzusetzen hatte. Der Damm hielt zwar stand, doch die Erhöhung des Grundwasserspiegels sorgte für eine innere Überflutung der Parkanlage. Viele Gänse und Enten wurden mit dem Wasser aus dem Tierpark fortgetragen. Manche Enten genossen aber die neu gewonnenen Wasserstraßen Hellabrunns und zogen auf den überfluteten Publikumswegen ihre Bahnen.

Das Waldrestaurant aus der Gründungszeit von Hellabrunn. Die Terrasse bot einen herrlichen Blick über den Tierpark.

Besucherrekorde während des Krieges

Nach Kriegsbeginn blieben viele Tierparkbesucher aus. Die Besucherzahlen sanken auf zehn Prozent des normalen Betriebs. Im Zusammenhang mit dem Preisanstieg für Futterlieferungen ergaben sich daraus erhebliche finanzielle Schwierigkeiten, die nur zum Teil durch die gesunkenen Lohnkosten ausgeglichen werden konnten. Doch nach dem ersten Kriegswinter erholten sich die Besucherzahlen überraschend schnell. Allein während der Osterfeiertage 1940 wurde mit 30.000 Besuchern das zweitbeste Ergebnis seit Gründung des Tierparks eingefahren, und auch im Jahresverlauf war kaum noch ein Rückgang erkennbar. Im Jahr darauf, an Pfingsten 1941, erlebte Hellabrunn sogar den größten Besucheransturm aller Zeiten: Über die Feiertage besuchten 50.000 Menschen den Tierpark.

Getrübt wurde das Zooerlebnis nur durch die kriegsbedingt verschlechterte Versorgung im Waldrestaurant. Obwohl Heck für die Pfingsttage das gesamte Junikontingent an Bier bestellt hatte, reichte der Vorrat an beiden Tagen nur bis jeweils 16 Uhr. Der Zoodirektor bedauerte den Missstand, zumal ihm bewusst war, dass das Bier für die Münchner weit »mehr als nur ein

Genussmittel« sei und ein Mangel an Bier die Erholung vieler Arbeiterfamilien beeinträchtige. Bis 1943 konnte der Tierpark nahezu ohne größere Schwierigkeiten seinen Betrieb fortsetzen. Die Bautätigkeit ruhte zwar, doch der Tierbestand blieb konstant und die Besucher kamen weiterhin in Scharen.

Bonobos in Hellabrunn

Ein besonderer Besuchermagnet waren in den Kriegsjahren Bonobos. Die Menschenaffenstation war ja neben dem Aquarium die neueste, endgültig erst 1938 fertig gestellte Tieranlage in Hellabrunn. Bereits Mitte der 1930er Jahre hatte Heinz Heck die ersten Menschenaffen nach München geholt und dann nach und nach mehrere Zuchtgruppen aufgebaut. Zu diesem Zweck reiste er im Frühjahr 1936 mit Mitarbeitern nach Marseille, um am Hafen drei Orang-Utans in Empfang zu nehmen und für ihren fachgerechten Transport nach Deutschland zu sorgen. Bei dieser Gelegenheit kam ein Tierhändler auf Heck zu und stellte ihm weitere Menschenaffen in Aussicht. In Antwerpen sollte in den nächsten Tagen eine Lieferung kongolesischer Schimpansen ankommen. Heck ließ sich die Einladung nicht entgehen.

Überraschung

In Belgien angekommen, erlebte er eine Überraschung. In einer Transportkiste saßen vier Affenkinder, zwei Schimpansen sowie zwei weitere Affen, wie sie Heck vorher noch nie gesehen hatte. Ihre Gesichtshaut war dunkler als die von Schimpansen und ihre Lippen, schrieb Heck, so rot, als hätten sie Lippenstift aufgetragen. Dazu gaben sie Laute von sich, die so ganz anders klangen als die von Schimpansen. Dem Zoodirektor war schnell klar: Er musste diese beiden Affen für Hellabrunn haben. Auch die anderen Tiere der Schiffsladung wollte er gleich mitnehmen.

Schimpansen »bei Tisch« in der Menschenaffenstation, um 1940.

Der Tierhändler klärte ihn darüber auf, dass es sich bei den beiden ungewöhnlichen Exemplaren um Bonobo-Jungtiere handelte, und bot an, die Preisverhandlung mit seinem afrikanischen Geschäftsfreund zu übernehmen. Als aber nach vier Tagen das Geschäft immer noch nicht unter Dach und Fach war, reiste der deutsche Tierhändler enttäuscht ab und überließ es Heck, nun selbst um die Tiere zu feilschen. Dessen Geduld wurde weitere neun Tage auf die Probe gestellt, bis er die Tiere schließlich zum Anfangsgebot, aber gegen Direktzahlung erhielt.

Schwieriger Transport

Bis Heinz Heck mit den Tieren an der deutschen Grenze angekommen war, hatte er zahlreiche bürokratische Hürden zu nehmen und keinen Pfennig mehr in der Tasche. Die Deutsche Reichsbahn »begrüßte« den Heimkehrer mit einer Geldbuße von vier Mark und 63 Pfennigen, wegen Schwarzfahrens und der Überschreitung der Gepäckobergrenze. Sie zeigte aber wenigstens genug Einsehen, um den völlig erschöpften Heck und seine Tiere dennoch nach München zu transportieren. In München angekommen, machte Heck seine Neuerwerbungen mit den weitgehend noch unbekannten Bonobos keineswegs zu einer neuen Hellabrunner Attraktion. Erst 1939 berichtete er in »Das Tier und Wir« über die Tiere. Hier begründete er auch seine Zurückhaltung. Jeder habe einen »gewissen Egoismus«, und dieser treibe einen Zoodirektor manchmal dazu, gerade die aufregendsten oder schönsten Tiere erst einmal vor dem Publikum geheim zu halten. Dabei lebten die Bonobos keineswegs versteckt in einem geheimen Gehege von Hellabrunn. Heck hatte sie einfach ohne weitere Hinweise bei den Schimpansen untergebracht.

Kaiserpinguine

Im Dezember 1938 war das Katapultschiff »Schwabenland« mit einem Sonderauftrag von Generalfeldmarschall Göring zu einer Expedition in die Antarktis aufgebrochen. Auf einem der Erkundungsflüge vom Schiff aus über die weiten Eiswüsten sichtete ein Pilot eine Gruppe Kaiserpinguine, die schließlich auch eingefangen werden konnten.

Die fünf Tiere wurden nach Deutschland gebracht und zuerst im Berliner Zoo untergebracht. In den Sommermonaten zogen sie aber jeweils nach München um, weil das dortige Klima für die Pinguine als zuträglicher galt. Als zusätzliche Erleichterung zu den niedrigeren Lufttemperaturen erwiesen sich die kühlen Quellen, die den Tierpark mit Wasser versorgen und auch im Sommer stabile zehn Grad Wassertemperatur haben. Hellabrunn hatte so 1939 die in Europa einmalige Gelegenheit, seinen Besuchern gleich sechs

Pinguine beim Ausflug in der früheren Anlage für Polartiere.

verschiedene Pinguinarten zeigen zu können. Neben den Kaiser- und Königspinguinen, die bereits seit elf Jahren in Hellabrunn lebten, gab es Felsen-, Magellan-, Humboldt- und Brillenpinguine. Mit dem Krieg wurde es allerdings immer schwieriger, Seefische für die Pinguine zu besorgen. Zu Beginn des Krieges hatte Hellabrunn versucht, alle auf Seefisch angewiesenen Tiere im Kopenhagener Zoo unterzubringen, doch die dortige Direktion hatte abgelehnt. Schließlich verendeten die Pinguine und andere Seevögel aufgrund des Futtermangels.

Das Verhältnis Hellabrunns zum Nationalsozialismus

Heinz Heck war der einzige deutsche Zoodirektor, der bis zuletzt nicht Mitglied der NSDAP wurde. Es gelang ihm sogar, den Tierpark Hellabrunn weitestgehend aus Verwicklungen mit dem nationalsozialistischen Regime herauszuhalten, ohne unter Druck zu geraten. Dabei begegneten die Nationalsozialisten dem Tierpark mit größtem Interesse. Das lag zum einen daran, dass sich Hellabrunn mit seinem großen internationalen Ansehen hervorragend als Aushängeschild eignete. Zum anderen ließen sich Hecks Tierzuchtprogramme wie die Rückzüchtung des Auerochsen gut mit der herrschenden Rassenideologie vereinbaren.

Von den Nationalsozialisten wurden Hecks Tierzüchtungen instrumentalisiert und der

Ein in den 1930er Jahren in Hellabrunn geborener asiatischer Elefant.

Tierpark zu einer bedeutenden Institution der neuen deutschen Wissenschaft stilisiert. Auch die Geburt des ersten afrikanischen Elefanten in Gefangenschaft im Jahre 1943 propagierte man als einen nationalen Erfolg, der Deutschlands kulturelle Stärke während des Kriegs beweise. Von Seiten des Tierparks hielt man sich mit der Verbreitung solcher Ansichten zurück. Hellabrunn arrangierte sich mit dem nationalsozialistischen Regime und verhielt sich ansonsten unauffällig. Ebenso wie Heck war die Mehrzahl der Mitarbeiter in keiner nationalsozialistischen Organisation tätig. Von den etwa 90 Beschäftigten waren nur fünf der NSDAP beigetreten.

Bombenschäden und Schließung des Tierparks

Ab 1943 konnte Hellabrunn den bis dahin noch vergleichsweise gut gehenden Betrieb nicht länger aufrechterhalten. Die letzten wehrdienstfähigen Mitarbeiter wurden zum Kriegsdienst eingezogen. In derselben Zeit verstärkten sich die Luftangriffe auf München, bei denen auch der Tierpark immer öfter Ziel von Bomben wurde. Obwohl die Mitarbeiter bei Luftangriffen umsichtig vorgingen – sie verteilten sich als Posten über den ganzen Park und harrten in Zementhäusern aus, um im Notfall eingreifen zu können –, konnten Bombenschäden nicht verhindert werden.

Im Juli 1944 wurden bei einer Reihe von Fliegerangriffen mit 48 schweren Minen, 10-Zentner-Bomben und etwa 2.000 leichteren Spreng- und Brandbomben das Waldrestaurant, das Dioramenhaus, die Verwaltungsgebäude, das Afrikahaus und viele andere Gebäude zerstört oder beschädigt. Besonders verheerend war der Verlust sämtlicher Holz-, Heu- und anderer Futtervorräte. Außerdem fiel die Gas-, Wasser- und Stromversorgung aus. Viele Tiere liefen wegen der beschädigten Gehege frei auf dem Gelände herum. Ein Hausmeister erschoss gemäß den geltenden Anweisungen eine Löwin, die aus ihrem Gehege entkommen war.

Aber Hellabrunn hatte noch weitaus mehr Opfer zu beklagen. Durch die Bomben starben viele Hirsche, ein weißer Strauß, eine Wildpferdstute und zwei Elefantenkühe. Ein großer Verlust war der Tod des Albinokamels »Schneewittchen«, um dessen Erwerb sich vor dem Krieg sogar ein arabischer Scheich vergeblich bemüht hatte. Heinz Heck hatte damals allen gebotenen Summen widerstanden. Erfreulicheres konnte Hellabrunn dagegen von der Menschenaffenstation berichten. Hier hatte ein russischer Zwangsarbeiter während des Fliegeralarms einen Brandherd entdeckt und eine Stunde lang allein gelöscht, statt sich in den Bunker zu retten.

Nach den schweren Bombenangriffen im Juli 1944 war Hellabrunn stark zerstört. Man erkannte nun die Gefahren, die Besuchern durch freilaufende Tiere drohten. Im Spätsommer 1944 entschlossen sich deshalb die Verantwortlichen, den Tierpark bis auf Weiteres zu schließen.

Bilder des durch Fliegerangriffe zerstörten Tierparks aus dem Jahr 1944.

Das Waldrestaurant

Das Waldrestaurant gehörte zu den ältesten Gebäuden in Hellabrunn. Es war schon anlässlich der ersten Tierparkgründung gebaut und 1911 eröffnet worden. Zeitgenössische Beschreibungen aus der Frühzeit des Tierparks verglichen das Gebäude mit einem »idyllischen Waldschlösschen«. Den Grundriss bildete ein Oval mit großer Kuppel, die Begrenzung der Gartenterrasse nahm die Umrisslinien des Gebäudes auf. Die nach Osten gerichtete Terrasse lag gegenüber der angrenzenden Parklandschaft erhöht, sodass die Gäste von hier aus einen beeindruckenden Blick über den südlichen und östlichen Tierpark hatten. Mit seinem Kuppeldach und dem anschließenden Küchenbau mit Satteldach fügte sich das Gebäude harmonisch in die Hellabrunner Parklandschaft ein. Die Wände des luxuriös ausgestatteten großen Speisesaals im Inneren des Gebäudes zierten Efeumuster des Hof-Dekorationsmalers Hans Urbanisch. Sogar Besteck und Geschirr wurden speziell für das Waldrestaurant nach eigenen künstlerischen Entwürfen ausgeführt. Die zeitgenössische Presse beschrieb das Waldrestaurant einhellig als architektonischen Höhepunkt von Hellabrunn. Das Gebäude war auch abends nach Schließung des Tierparks bis 23 Uhr geöffnet und wurde für Konzert- und Tanzveranstaltungen genutzt. Die Zugangswege waren deshalb nachts beleuchtet. Auch nach der Schließung des Tierparks im Jahre 1922 blieb das Restaurant als Ausflugsgaststätte geöffnet. 1944 wurde das

Auch das Waldrestaurant von Emanuel von Seidl wurde im Zweiten Weltkrieg weitgehend zerstört. 1948 wurde es provisorisch wiedereröffnet und 1964 umgebaut.

Waldrestaurant bei einem der Bombenangriffe bis auf den westlichen Flügel mit der Küche zerstört. Nach dem Krieg wurde es zwar 1948 wieder provisorisch eröffnet und 1964 umgebaut, doch 1983 musste das Gebäude endgültig dem Neubau des heutigen Selbstbedienungsrestaurants mit Biergarten weichen.

Kriegsende

Als am 30. April 1945 die Amerikaner in München einrückten, unternahm die Wehrmacht einen letzten hilflosen Versuch, die amerikanischen Truppen an der Thalkirchner Brücke daran zu hindern, die Isar in Richtung Autobahn Salzburg zu überqueren. Sie stellten auf der Brücke einen Straßenbahnwagen quer und blockierten dadurch die Straße.

Heinz Heck, darum bemüht zu retten, was von seinem Tierpark noch übrig war, ging diese Maßnahme zu weit. Er beschloss, sich der Wehrmacht zu widersetzen und den Straßenbahnwagen von der Brücke zu entfernen. Er spannte die afrikanische Elefantendame »Lelabati« vor den Waggon, die diesen ohne Probleme von der Straße zog. Die amerikanischen Panzer konnten weiterfahren und Heck war es gelungen, Hellabrunn weitere Gefechte wenige Tage vor Kriegsende zu ersparen.

Am 8. Mai kapitulierte Deutschland. Die Amerikaner übernahmen in München die Verwaltung des öffentlichen Lebens. Bereits wenige Wochen später konnte Hellabrunn als erster Zoo Deutschlands seine Tore wieder für das Publikum öffnen. Der Offizier des Public Relations

Der Elefant »Lelabati« half Ende April 1945, die Tierparkbrücke für die Amerikaner frei zu machen. Das Foto zeigt Lelabati einige Jahre zuvor auf der Brücke zusammen mit einem jungen Elefanten.

Office Frank Connaughton begründete seinen Beschluss damit, dass Tiere keine Nazis seien. Die Entscheidung dürfte Heck mit seinem Engagement an der Thalkirchner Brücke durchaus positiv beeinflusst haben. Entscheidend aber war sicherlich die Tatsache, dass kaum ein Zoomitarbeiter Parteimitglied gewesen war. Der Tierpark hatte nun zwar wieder für das Publikum geöffnet, bot aber einen traurigen Anblick: 30 Prozent der Tiere waren dem Krieg zum Opfer gefallen. Dazu zählten alle Orang-Utans, Zwergflusspferde und fünf Elefanten, auch sämtliche Fischfresser wie Pinguine und Seelöwen, die aufgrund des Futtermangels verhungert waren. Neben den Tierverlusten stand der Tierpark aber auch vor großen materiellen Schwierigkeiten. Die Hälfte der Gebäude war vollständig zerstört, der Großteil der restlichen Bausubstanz zum Teil stark beschädigt. Die Angestellten des Tierparks bewiesen viel Improvisationsgeschick, indem sie beispielsweise zerstörte kleinere Stallungen durch bäuerliche Holzställe ersetzten, die durch die Eigenwärme der Tiere geheizt wurden. Trotzdem führten die allgemeine Geldknappheit und der Mangel an Baustoffen dazu, dass es noch Jahre dauern sollte, bis die letzten Kriegsschäden behoben waren.

Wiederaufbau

In den ersten drei Nachkriegsjahren konnten viele Gebäudeschäden behoben werden. Damit wurden die Voraussetzungen geschaffen, um auch den Tierbestand nach und nach wieder zu erhöhen. Das Elefantenhaus hatte

Max Alfred Zoll, von 1959 bis 1973 kaufmännischer Direktor von Hellabrunn.

den Krieg von allen großen Tierhäusern am besten überstanden. Es benötigte lediglich ein neues Dach mit neuer, gläserner Kuppel.

Weil Hellabrunn seit seiner zweiten Gründung 1928 erfolgreich mit Zuchtgruppen gearbeitet hatte, gelang es auch jetzt, den Tierbestand durch eigene Nachzüchtungen zu erweitern. Das war natürlich nur bei Tieren möglich, die den Krieg in ausreichender Zahl überlebt hatten, wie den Zebras und einigen Affenarten. Die Zucht war sogar so erfolgreich, dass Hellabrunn anderen Zoos bei der Aufstockung des Tierbestands helfen konnte und bald fast alle in Deutschland lebenden Affen und Zebras gebürtige Münchner waren.

1947 traf dann der erste ausländische Tiertransport in München ein. Er lieferte mit über 300 Fischen aus Brasilien und Westafrika neue Attraktionen für das große Aquarium. Drei Jahre später gab es in Hellabrunn zum ersten Mal wieder größeren exotischen Zuwachs: Schlangen, Antilopen, Giraffen, Strauße und Affen fanden ein neues Zuhause. Und im Jahr darauf, 1951, bekam auch der Parkteil Australien wieder Bewohner. Bei Bombenangriffen waren 1943 sämtliche Beuteltiere ums Leben gekommen. Jetzt zogen neun Kängurus in die renovierten Gehege ein.

Wirtschaftliche Probleme

Mit neuen Tieren und renovierten Gehegen ausgestattet, entwickelte sich Hellabrunn sehr schnell wieder zum Publikumsmagneten. Besonders beliebt war der Tierpark bei Angehörigen der amerikanischen Besatzungsmacht. Allein von Mai bis Dezember 1945 besuchten 25.000 US-Soldaten Hellabrunn. Auch in den folgenden Jahren nahmen die Besucherzahlen stetig zu, sodass die Einnahmen aus Eintrittsgeldern gesichert schienen. Doch mit Eintrittsgeldern allein ließen sich die enormen Ausgaben nicht ausgleichen. Wenn man die Gehälter und Ausgaben für Futter, Wasser, Strom und Heizkosten zusammen nimmt, ergaben sich 1950 Ausgaben von 2.000 DM pro Tag.

Neben den Eintrittsgeldern hatte der Zoo sich noch eine weitere Einnahmequelle erschlossen. Die anhaltenden Erfolge in der Tierzucht ermöglichten Verkäufe an andere Tiergärten. Dadurch floss jahrelang zusätzliches Geld in die Kassen. Nach dem Krieg waren die Tierpreise aber so niedrig, dass sich mit diesem Wirtschaftszweig kaum noch Geld verdienen ließ. Weitere Löcher im Haushalt hinterließ die Währungsreform 1948. Sie wurde just nach der Besucherspitze im Sommer durchgeführt und dezimierte die Einnahmen erheblich. Dass Hellabrunn diese Schwierigkeiten unbeschadet überstehen konnte, ist der Stadt München zu verdanken. Sie war und ist noch heute mit 90 Prozent Mehrheitsaktionärin an der Tierpark AG und gewährte Hellabrunn mehrmals Darlehen zu besonders günstigen Konditionen. Außerdem sorgte sie für jährliche städtische Zuschüsse von 100.000 DM.

Lora – Ein Kakadu sorgt für Furore

In den Nachkriegsjahren erwarb Direktor Heinz Heck in Hamburg für den Tierpark einen Nacktaugenkakadu namens »Lora«. Was Heck nicht wusste: Lora verfügte über besondere sprachliche Fähigkeiten. Vor allem in Anwesenheit etwa zehnjähriger Mädchen rief Lora deutlich hörbar »Heil Hitler, Kamerad!«. Man könnte annehmen, dass

Kakadus im Tierpark Hellabrunn. Die berühmte Lora ist allerdings nicht abgebildet.

dies Anstoß bei den Besuchern erregt hätte, aber ganz im Gegenteil. Lora wurde eine Berühmtheit. Besonders amerikanische Soldaten lachten über den Kakadu und fütterten ihn mit Schokolade. Lora kam sogar auf die Titelblätter der Weltpresse. Die Kommentare waren keineswegs kritisch, sondern zeigten sich über den ungewöhnlichen Kakadu amüsiert. Im Februar 1949 war Lora plötzlich verschwunden. Als ihr Verschwinden in den USA bekannt wurde, sandten die Bardamen des »Latin-Casino« in Philadelphia als Ersatz für Lora einen grünen Amazonas-Papagei. Er konnte zwei englische Sätze sprechen: »Buy American all the way« und »I love my wife, but – oh you kid!«.

Einige Wochen später jedoch tauchte Lora wieder auf. Eine der wenigen kritischen Stimmen zu Lora erschien in der »Basler Nationalzeitung«. Der Autor vermutete, Lora sei erst zwei Jahre alt und hätte somit ihr Sprüchlein erst nach 1945 gelernt. Lora war aber nachweislich bereits 15 Jahre alt. 1953 zog sie ins Elefantenhaus um. Lora konnte jetzt auch »Auf Wiedersehen!« sagen und winkte dabei mit dem linken Fuß. Dann erhielt Lora einen Partner, einen Kakadu aus dem Kölner Zoo, was dazu führte, dass sie das Sprechen allmählich verlernte.

Jubiläumsevents

Früher wurde jeder fünfhundertsten Schulklasse, die den Tierpark besuchte, ein ganz besonderer Empfang bereitet. Zu den Riten eines solchen

Eine lange Tradition in Hellabrunn: Kinder reiten auf einem Kamel.

Jubiläumsempfangs gehörte es, dass der Lehrer der betreffenden Klasse auf einem Elefanten und die Kinder auf Ponys oder Kamelen durch den Tierpark ritten oder in offenen Kutschen fuhren.

Im Juli 1952 empfing der Tierpark die 1500. Schulklasse. Es gab jede Menge Überraschungen und Schokolade, Fähnchen und Kekse, und als besonderes Geschenk ein Körbchen mit zwei Meerschweinchen darin. Pressechef Alfred Zoll überreichte dem Lehrer das Körbchen mit den Worten: »Sie werden sich bald so vermehren, dass jedes Kind ein Tier bekommt als Andenken an den Tierparkbesuch.«

Besondere Kindertage gibt es seit der Gründungszeit des Tierparks. Bereits in der Vorkriegszeit fanden große Kinderfeste und Kinderfaschingstage statt, die schon damals zahlreiche Familien nach Hellabrunn lockten.

Seit Gründung des Zoos werden Postkarten mit Hellabrunner Motiven verkauft – hier ein Beispiel aus den 1960er Jahren.

Besucherzahlen des Tierparks seit 1911

Die Besucherzahlen in den ersten Monaten nach Eröffnung des Tierparks am 1. August 1911 übertrafen alle Erwartungen. Bis Ende Dezember wurden 245.694 Eintrittskarten verkauft – ohne Berücksichtigung der zahlreich verkauften Dauerkarten. Ein glänzendes Ergebnis in Anbetracht der Tatsache, dass damals in München nur eine halbe Million Menschen lebten. Auch 1912 hielt der Besucherstrom an: 432.757 Eintrittskarten wurden verkauft, hinzu kamen 66.168 Schüler städtischer Schulen, die den Tierpark aufgrund eines Abkommens mit der Stadt kostenlos besuchen konnten. Nach Beginn des Ersten Weltkriegs brachen die Besucherzahlen allerdings ein, was 1922 zur Schließung des Tierparks führte. Nach der Neueröffnung 1928 konnte in den ersten Jahren an die Zahlen der Vorkriegszeit angeknüpft werden: Rund 500.000 Menschen besuchten den Tierpark. Danach gingen die Zahlen zurück: 1932 waren es nur noch 380.000. Ab 1934 stiegen die Besucherzahlen wieder an, auch in den ersten Kriegsjahren. Allein an den Pfingsttagen 1941 besuchten 50.000 Menschen den Tierpark. Das war der beste Wert seit Wiedereröffnung. Erst ab 1943 brachen die Besucherzahlen ein. Unmittelbar nach dem Krieg blieben die Besucher nicht aus: Von Mai bis Dezember 1945 besuchten allein 25.000 US-Soldaten Hellabrunn. 1967 überstieg die jährliche Zahl der zahlenden Gäste erstmals die Millionengrenze, die seit 1973 nicht mehr unterschritten wurde. Seit den 90er Jahren pendelte sich die Besucherzahl auf 1,3 bis 1,4 Millionen ein. 2009 besuchten laut Geschäftsbericht 1,4 Millionen Menschen den Tierpark. Für das Jahr 2010 hofft man, erstmals die angestrebte 1,5-Millionen-Marke zu überschreiten.

»Drittes« Hellabrunn

Mitte der 1950er Jahre waren die Kriegsschäden – wenn auch in vielen Fällen nur behelfsmäßig – behoben. Der Tierpark konnte nun wieder neue Projekte entwickeln.

Die Stadt München hilft

Die finanziellen Mittel für neue Projekte stellte zum Teil die Stadt München zur Verfügung, die dem Tierpark zum Beispiel 1958 anlässlich des 800. Stadtgeburtstages einen Sonderzuschuss von 350.000 DM gewährte. Mit dieser Summe wurden in Hellabrunn Wassergräben ausgehoben, die nach und nach die Zäune und Gitter vor den Gehegen ersetzen sollten. 1959 stiftete der Kaufhausbesitzer Helmut Horten dem Tierpark eine neue Anlage für Auerhühner und Trappen.

Zwei Jahre später entstand ebenfalls aus Mitteln der Helmut-Horten-Stiftung eine Anlage für die alpenländische Tierwelt. Um das zentrale »Helmut-Horten-Haus« mit Innen- und Außenvolieren gruppierten sich mehrere Freigehege, in denen Gämsen, Alpensteinböcke, Mufflons, Luchse, Wildkatzen, Baummarder, Murmeltiere, Uhus und Kolkraben gehalten wurden. 1974/75 entstand aus dem »Helmut-Horten-Haus« das noch heute bestehende Vogelhaus. Aus einem Teil der Spendengelder wurden außerdem in der Nähe des Eingangs an der Thalkirchner Brücke zwei Schauhäuser für Rothirsche und Damwild errichtet, die heute nicht mehr genutzt werden.

Hella und Brunni – doppelter Affennachwuchs bei den Orang-Utans

Lange Zeit bemühte man sich in Hellabrunn vergeblich um Nachwuchs bei den Orang-Utans. Selbst wenn die Haltungsbedingungen gut sind und sich die Tiere wohl fühlen, kann es vorkommen, dass Männchen und Weibchen schlichtweg keine Lust aufeinander haben. Ende der 1960er Jahre war deshalb die Freude groß, als das Orang-Utan-Männchen »Maxi« offensichtlich großes Interesse an einem der Weibchen zeigte und »Kessi« tatsächlich kurze Zeit später trächtig war.

Am Faschingsdienstag 1969 brachte »Kessi« ihren Nachwuchs zur Welt und überraschte mit der Geburt von Zwillingen. Zu diesem Zeitpunkt hatte es in der Geschichte der Tiergärten erst ein einziges Mal Orang-Utan-Zwillinge gegeben, die allerdings bald darauf gestorben waren. Zwillingsgeburten sind bei Orang-Utans sehr selten und enden meistens mit dem Tod der Babys, weil die Mutter mit der Situation überfordert ist. Sie weiß einfach nicht, um welches der beiden Kinder sie sich kümmern soll.

Auch in Hellabrunn rechnete man deshalb mit Komplikationen. Und tatsächlich zeigte die Orang-Utan-Mutter schnell Zeichen von Überforderung: Sie legte abwechselnd immer eines der Babys achtlos auf den Boden, um sich um das andere zu kümmern, sah dann aber das auf dem Boden liegende Baby und wollte nun dieses versorgen. Bevor die Zwillinge auskühlen und dehydrieren würden, lenkten die Tierpfleger »Kessi« ab und nahmen ihr den Nachwuchs weg. Erst jetzt konnte man sehen, dass es sich um ein Weibchen und ein Männchen handelte. Beide waren unterkühlt und sehr schwach, das Männchen deutlich kleiner und erschöpfter als seine Schwester. Den beiden musste schnell geholfen werden, wenn man sie durchbringen wollte.

Nothilfe auf der Säuglingsstation

Der damalige kaufmännische Direktor von Hellabrunn, Fritz Hirsch, der bei der Rettungsaktion zugegen war, erinnerte sich an die Frühchenstation des Schwabinger Krankenhauses, wo erst wenige Monate zuvor seine zu früh geborene Tochter versorgt worden war. Er rief die zuständige Stationsärztin an und bat sie um die Behandlung der zwei Orang-Utan-Babys. Diese hielt das erst für einen Faschingsscherz. Hirsch konnte sie aber von der Ernsthaftigkeit seines Anliegens überzeugen. Die beiden Affen wurden vom medizinischen Personal des Schwabinger Krankenhauses abgeholt und in einem spontan zu diesem Zweck eingerichteten Zimmer auf der Säuglingsstation untergebracht. Das Männchen war bereits so geschwächt, dass es Wochen im Inkubator mit Infusionen aufgepäppelt werden musste, beim Weibchen konnte schon sehr bald nach der Einlieferung mit der herkömmlichen Handaufzucht per Flasche begonnen werden.

Einer der beiden 1969 geborenen Orang-Utan-Zwillinge in der Frühchenstation des Schwabinger Krankenhauses.

Was am Anfang fast unmöglich schien, war nach zehn Monaten Gewissheit: Beide Affenkinder überlebten und waren kräftig genug, um nach Hellabrunn zurückzukehren. In einem Namenswettbewerb unter den Besuchern erhielten die beiden neuen Hauptattraktionen die Namen »Hella« und »Brunni«.

»Hella« und »Brunni« wohlauf in Hellabrunn.

»Brunni« ist mittlerweile eher als »Bruno« bekannt. Noch heute lebt er in Hellabrunn und ist zuletzt 2009, mit vierzig Jahren, zum wiederholten Mal Vater geworden.

Der Generalausbauplan

1969 endete in Hellabrunn die Ära Heinz Heck. Der Gründer und jahrelange Direktor des Tierparks ging in den Ruhestand. Unter ihm hatte sich Hellabrunn zu einem der bedeutendsten Zoos Europas mit erstaunlichen Zuchterfolgen und einem beeindruckenden Tierbestand entwickelt. Doch seit den 60er Jahren rückten andere deutsche Zoos mit neuen, attraktiven Tieranlagen in den Vordergrund. Wenn Hellabrunn mithalten wollte, musste es ebenfalls erhebliches Geld in neue Anlagen investieren.

Nach genauen Geländevermessungen und Bestandsaufnahmen beschloss die Tierparkleitung 1971 den bislang umfangreichsten Ausbauplan für Hellabrunn. Hecks Nachfolger – von 1972 bis 1981 Arnd Wünschmann, danach bis 2009 Henning Wiesner – setzten zwar das Konzept des Geozoos fort, entwickelten es aber mit eigenen Akzenten weiter. Im Gegensatz zu Heck, der Volksbildung als oberste Aufgabe des Zoos verstand, rückten Wünschmann und Wiesner Forschung und Arterhaltung an die erste Stelle. Dazu gehörte in ihren Augen vor allem, dass die Haltungsqualität der Tiere oberste Priorität hat. Um das zu gewährleisten, wurden einige Tierarten an andere Zoos abgegeben und für die verbleibenden Tiere größere Gehege geschaffen. Die Haltung sollte sich zudem möglichst am »natürlichen Lebensraum« orientieren, die Tiere des gleichen Lebensraums, soweit möglich, auch in gemeinsamen Gehegen untergebracht werden.

So erhielten beispielsweise die Abruzzengämsen und die Murmeltiere ein gemeinsames Areal. Den Besuchern bot sich nun nicht mehr nur die Möglichkeit eines Spaziergangs durch verschiedene Weltregionen. Sie konnten nun auch Tiere eines Lebensraumes miteinander, statt nur nebeneinander beobachten. Um den

Der Hellabrunner Tierbestand seit 1911

Kurz nach der Eröffnung, Ende 1911, umfasste der Hellabrunner Tierbestand 212 Säugetiere aus 73 Arten, 323 Vögel aus 102 Arten und 48 Reptilien aus 17 Arten. Der Bestand wuchs in den nächsten Jahren stetig an, doch waren auch die Tierverluste hoch. Von 460 Säugetieren im Jahr 1913 starben 111. Bei der Wiedereröffnung 1928 verfügte der Tierpark über insgesamt 2.500 Tiere, also weit mehr als in den Anfangsjahren. 1930 waren es bereits 3.261, 1936 annähernd 4.000. Für das 1937 eröffnete Aquarium wurden allein 6.000 Fische angekauft. Während der Kriegsjahre sank der Tierbestand stark. Größe und Art des Tierbestands sind aber immer auch von den Vorlieben eines Zoodirektors abhängig. So hegte der langjährige Zoodirektor Heinz Heck eine besondere Vorliebe für Hirsche, weshalb zu seiner Zeit eine große Zahl unterschiedlicher Hirscharten im Münchner Tierpark lebten, die für einen Laien kaum zu unterscheiden waren. In den ersten Nachkriegsjahren lag der Schwerpunkt auf dem Erhalt der verbliebenen Arten in Zuchtgruppen, um den Tierbestand nachhaltig zu sichern. Einer der größten Nachzuchterfolge war damals die Geburt eines Schimpansen, der die zweite in Hellabrunn geborene Schimpansengeneration einleitete. Die Zuchtprogramme der Nachkriegszeit gestalteten sich so erfolgreich, dass der Tierpark 1955 bereits 12.067 Tiere aus 778 Arten beherbergte. Er war damit artenreicher als heute. Ab Ende der 1950er Jahre setzte sich nämlich ein anderes Prinzip durch: Zunehmend wurden jetzt größere Zuchtgruppen und Familienverbände aus einer kleineren Anzahl von Arten gebildet, anstatt mit vielen Einzelexemplaren eine maximale Artenvielfalt zu erhalten. Mit der Durchführung des Generalausbauplans in den 1970er Jahren gab man viele Tiere ab oder brachte sie für die Dauer der Bauarbeiten in anderen Zoos unter. 1974 lebten daher nur noch 3.455 Tiere im Tierpark. Doch 2009 besaß der Tierpark wieder 16.975 Tiere aus 728 Arten.

Besuchern außerdem ein möglichst ungehindertes Beobachten zu ermöglichen, wurde Hecks Ansatz weiter verfolgt, Zäune und Gitter durch Gräben und Glasscheiben zu ersetzen.

Neue Rückzugsmöglichkeiten für die Tiere

Wiesners Anliegen war es dabei, die Struktur der Wassergräben so aufzulockern, dass diese sich ähnlich den bestehenden Bachläufen ins Gesamtbild der Auenlandschaft einfügen. Zu diesem Zweck wurden die bereits bestehenden Kanäle durch Pflanzinseln am Ufer ergänzt. Jedes Tier sollte jetzt außerdem die Möglichkeit bekommen, sich jederzeit den Blicken der Besucher zu entziehen. Die von Henning Wiesner eingesetzten Benjeshecken unterstützen dieses Anliegen. Die Benjeshecke ist eine Totholzhecke, die erst durch Samenanflug und das Aussamen des verwendeten Holzschnitts grün wird. Sie bietet vor allem Heckenbrütern und Insekten einen Lebensraum. Damit ist sie auch für die in den Isarauen natürlich beheimateten Vogelarten ein perfekter Nistplatz. Hellabrunn trug somit dazu bei, auch die heimische Artenvielfalt aufrechtzuerhalten und bedrohten Tieren wie der Ringelnatter und dem Mauswiesel neuen Raum zu schaffen. Passend zu dieser Form der Aufforstung und Erhaltung der Isarauenlandschaft wurden alle nach dem Generalausbauplan projektierten Tierhäuser nach der Maßgabe gebaut, dass sie sich unauffällig in die Landschaft einfügen, ohne den Parkcharakter Hellabrunns zu verändern.

Das 1983 eröffnete Niederaffenhaus mit Freigehege. Es wurde nach Plänen des Architekten Jörg Gribl im Süden der Menschenaffenstation gebaut.

Tierparkarchitektur im modernen Geo-Zoo

Der Generalausbau von Hellabrunn begann mit umfassenden Renovierungsarbeiten und Modernisierungen einiger Großanlagen, darunter die Löwenterrasse und das Elefantenhaus. Von 1971 bis 1985 wurde die Menschenaffenstation für insgesamt 3,8 Millionen DM umgebaut.

ßerdem Raum für wechselnde Ausstellungen, beispielsweise über heimische Tierarten. Ebenfalls in den 1970er Jahren wurde das neue Polarium eingeweiht. Hier erhielten Pinguine und Robben neue Anlagen mit großzügigen Wasserbecken. Die Becken der Pinguine wurden so gebaut, dass die Besucher den Tieren durch Panzerglas beim Tauchen zusehen können. Im Robbengehege versuchte sich Hellabrunn erfolgreich an einer absoluten Neuheit: Die Tiere bekamen ein Schwimmbecken, in dem der Wasserstand nach Ebbe und Flut geregelt werden kann. Auf diese Art werden die Robben zu mehr Bewegung angeregt. Es gelang so in den folgenden Jahren erstmals, die Lebenserwartung der empfindlichen Tiere in Gefangenschaft zu erhöhen.

Der Kern der Umbauten bestand darin, den Gebäudekomplex mit großzügigen Freianlagen zu umfassen. So erhielten die Gibbons an der Westseite des Affenhauses auf mehreren in einem Wasserbecken gelegenen Inseln mit Bambusgerüsten ein Areal zum Klettern im Freien. Im Innenhof der Menschenaffenstation entstand ein Freiluftgehege für Gorillas. 1979 wurde das Affenhaus als Ganzes erweitert. Im Süden entstand eine neue Anlage mit Freiluftgehegen für Niederaffen. Das neue Gebäude bietet au-

Werbeplakat für den Neubau des Polariums aus den 1960er Jahren.

Die Tierparkarchitekten Jörg Gribl und Herbert Kochta

Die ersten Baumaßnahmen im Zusammenhang mit dem Generalausbauplan wurden dem Münchner Architekten Jörg Gribl übertragen. Zwischen 1973 und 1987 entstanden zahlreiche Gehegeanlagen und Tierhäuser nach seinen Entwürfen. Besonders die Freianlagen für Bisons, Braunbären und Elche korrespondieren mit dem Vorhaben, die Gehege unauffällig in die Auenlandschaft einzubinden und die Baukörper möglichst niedrig zu halten.

Die einzige Ausnahme bildet die große, 1980 eröffnete Freiflugvoliere. Auf einer Gesamtfläche von 5.000 m² ermöglicht sie eine artgerechte und moderne Haltung von zahlreichen Vogelarten. Fortschrittlich ist die Anlage deshalb, weil die Vögel in dem bis zu 22 Meter hohen Gehege

Die Hellabrunner Freiflugvoliere von Jörg Gribl: Ein Meisterstück der Tierparkarchitektur.

Blick in die Hellabrunner Freiflugvoliere im Winter.

ungehindert umherfliegen können. Gribl hatte in Zusammenarbeit mit Frei Otto engmaschige Wellgitterbahnen zu einem Edelstahlnetz von 6.400 m² Fläche verschweißt und in Form einer Zeltdachkonstruktion über zehn Stahlmasten gespannt. Die dichte Bepflanzung und der Bach, der sich durch die Voliere schlängelt, bieten den Vögeln, die aus nächster Nähe beobachtet werden können, Platz zum Nisten und Brüten sowie für die Futtersuche. Für die Großvoliere, die eines der Wahrzeichen Hellabrunns geworden ist, wurde Gribl 1981 mit dem Preis des Bundes Deutscher Architekten ausgezeichnet.

Architektur für authentische Erlebnisse

1987 übernahm der Architekt Herbert Kochta die Bautätigkeit im Tierpark. Während es Gribl vor allem um eine »Architektur für Tiere« geht, setzt Kochtas Tierparkarchitektur auf das

Das Dschungelzelt für Raubkatzen des Architekten Herbert Kochta im Bau. Es wurde 1995 eröffnet und 1996 fertig gestellt.

möglichst authentische Erlebnis exotischer Tierwelten. Sein erstes Projekt war die neue Anlage für Panzernashörner und Tapire mit angegliedertem Tierhaus, die 1990 eröffnet wurde. Auf das Nashornhaus folgte 1995 das Dschungelzelt für Raubkatzen, eines der markantesten Gebäude Hellabrunns. Ähnlich wie die Großvoliere für Vögel wird das Gebäude von einer zeltartigen Dachkonstruktion bekrönt, die jedoch nicht aus Drahtgeflecht, sondern aus Luftkissen besteht. Die Kissen sind aus einer speziellen Folie hergestellt, die 95 Prozent der UV-Strahlung durchlässt und dadurch den im Inneren gepflanzten tropischen Pflanzen genügend Licht spendet. Bäume und Büsche in der Mitte des Dschungelzeltes sind um eine Quelle mit kleinem

Bachlauf gruppiert. Kleinere exotische Vögel können frei herumfliegen. Im Bach leben unterschiedliche tropische Fische und Kaulquappen. An den Außenwänden des Gebäudes befinden sich separierte Innengehege für Löwen, Jaguare und Ozelots mit angeschlossenen Außenanlagen. Um für das richtige tropische Klima zu sorgen, gibt es in den Gehegen Fußbodenheizung und eine Luftbefeuchtungsanlage, die für einen gleichmäßigen Sprühnebel sorgt. Zwei Jahre später, 1997, entstand in unmittelbarer Nähe zum Dschungelzelt das neue Schildkrötenhaus, bei dem Kochta erneut auf seine Luftkissentechnologie zurückgriff. In dem flachen Bau leben seitdem Riesenlandschildkröten und exotische Insektenarten wie Stabheuschrecken, Vogelspinnen und Blattschneiderameisen. Das nächste größere Projekt des Architekturbüros Kochta war im Jahr 2000 der Bau des Urwaldhauses. Auf etwa 2.000 m² entstand ein neues Gebäude für Menschenaffen, tropische Fische, Krokodile und andere Reptilien. Schimpansen und Gorillas erhielten hier großzügige Innengehege mit natürlichem Bodenbelag aus Erde und Grasflächen. Vom Besucher trennen sie nur die raumhohen Panzerglasscheiben. Das Dach des Urwaldhauses ist so konzipiert, dass das ganze Gebäude tagsüber mit natürlichem Licht beleuchtet wird.

Hellabrunn für Natur- und Artenschutz

Bereits Heinz Heck wollte die Menschen für die Eigenart der im Tierpark gehaltenen Tierarten interessieren und sensibilisieren. Und mit seinen Züchtungsprogrammen verfolgte bereits Heck ausdrücklich das Ziel des Artenschutzes. Heute sind die Hellabrunner Züchtungsprojekte in verschiedene international organisierte Artenschutzprogramme eingebunden. So werden die im Tierpark seit Heck gezüchteten Przewalski-Pferde seit 1988 in chinesischen Nationalparks ausgewildert. Ein weiteres Projekt, das der Tierpark seit zwanzig Jahren unterstützt, ist die Wiedereinbürgerung der Mhorrgazelle in Tunesien und Marokko. Anfang der 1990er Jahre kamen sechs Tiere aus

Steinbock »Caesar«. Auch der gefährdete Alpensteinbock gehörte zu den Wiederansiedlungsprojekten in Hellabrunn.

Bei der Wiederansiedlung des Przewalski-Pferdes in China war auch die Hellabrunner Zuchtgruppe beteiligt.

München in das afrikanische Schutzgebiet, heute ist der Bestand auf eine ansehnliche Herde angewachsen – entgegen vieler kritischer Stimmen, die meinten, eine so kleine Anfangspopulation könne nicht lange überleben und werde an Inzest zugrunde gehen. Die ersten Mhorrgazellen waren 1981 aus Spanien nach München gekommen. Mehrere Jahre lang erforschte Henning Wiesner das Verhalten dieser Tiere. 1984 veröffentlichte er seine Ergebnisse in den »Notizen zur Haltung von Mhorrgazellen«. Darin finden sich detaillierte Beschreibungen über die Haltungsbedingungen im Gehege, die richtige Ernährung oder nächtliche Unterbringung der Tiere in Einzelställen. Die Beobachtungen waren notwendig für die erfolgreiche Züchtung und damit Voraussetzung für die Wiederansiedelung im ursprünglichen Lebensraum in Nordafrika.

In Marokko entstanden mit Hilfe von Hellabrunn auch zwei große Freiflugvolieren zur Nachzüchtung des Waldrapp. Der Tierpark war an dem Projekt unter anderem mit der Lieferung von mehreren Exemplaren dieser Ibisvögel beteiligt. Im Jahr 2001 schlüpften die ersten Küken, die zur späteren Auswilderung vorgesehen sind. Auf lange Frist soll so der Bestand der seit 1995 in Marokko ausgestorbenen Tiere gesichert werden. Hellabrunn ist aber nicht nur im Ausland in Wiederansiedelungsprojekten tätig, sondern auch in Deutschland, wo sich die Münchner um den Bestand an Kolkraben, Alpensteinböcken und Wildkatzen kümmern. Die Wildkatzenzucht verlagerte der Tierpark im Jahr 2009 nach Rothenbusch im Landkreis Aschaffenburg, weil die Münchner Anlage der Tierparkleitung als nicht mehr zeitgemäß erschien. Nach einem Winter im Übergangsgehege wurden die Tiere im Frühjahr 2010 im Spessart ausgewildert.

Artgerechte Haltung

Um an Natur- und Artenschutzprogrammen teilnehmen zu können, muss ein Zoo dafür sorgen, dass auch seine eigenen Tiere artgerecht gehalten werden. Damit dieser Anspruch eingelöst wird, verpflichteten sich 1998 die bayrischen Zoos in

München, Nürnberg, Augsburg und Straubing, nach einer Reihe von vereinbarten Leitlinien zu handeln. Sie verstehen die Institution Zoo als eine soziale, kulturelle und wissenschaftliche Einrichtung, die dem Artenschutzgedanken verpflichtet ist und als Tierschutzeinrichtung Vorbildcharakter besitzen soll. Dementsprechend müssen alle Tiere nach neuesten wissenschaftlichen Erkenntnissen gehalten werden.

Ein wichtiger Aspekt ist dabei die Einsicht, dass Fortpflanzung ein essenzielles Bedürfnis aller Lebewesen und damit auch von Zootieren ist. Um diesem Bedürfnis gerecht zu werden, muss ein Zoo für die Unterbringung der Jungtiere sorgen, insbesondere der überzähligen Jungtiere. Eine Möglichkeit stellt die Abgabe an Artenschutzprogramme wie im Fall der Mhorrgazellen und Wildkatzen dar, eine andere die Abgabe an andere Zoos zur Auffrischung des genetischen Potenzials der dortigen Zuchtgruppe. Nur als allerletzten Ausweg darf ein Zoo Tiere einschläfern. Dabei ist aber in jedem Fall die Zustimmung einer Zoo-internen Ethikkommission nötig, die aus dem Direktor, dem Tierarzt, einem wissenschaftlichen Mitarbeiter und einem Tierpfleger besteht.

Was ist artgerechte Zootierhaltung?

»Artgerecht« heißt, dass man sich bei der Haltung von Tieren im Zoo an den natürlichen Lebensbedingungen der Tiere orientiert und auf artspezifische Verhaltensweisen und Bedürfnisse Rücksicht nimmt. Die Vorstellung einer »freien Wildbahn« ist indes eine Projektion des Menschen. Auch in ihren natürlichen Lebensräumen schränken Reviergrenzen und Wanderrouten den Bewegungsspielraum der Wildtiere stark ein. Zootiere sind andererseits von den Selektionsmechanismen der Natur wie auch von Parasiten und Infektionskrankheiten weitgehend befreit. Wenn viele Zootiere an Zivilisationskrankheiten wie Krebs, chronischen Herzleiden oder Arthrosen leiden, liegt das auch daran, dass das Leben im Zoo die Lebenserwartung oft erhöht und Zootiere älter werden als freilebende Tiere.

Seit 1987 ergänzen Schautafeln mit Begleittexten die Gehegebeschilderung in Hellabrunn. Sie informieren wie hier auch über spezielle Tierschutzprojekte.

Bildung im Zoo

Heinz Hecks Anliegen, zur Bildung der Hellabrunn-Besucher beizutragen, wurde auch von seinen Nachfolgern weiter verfolgt. Ein seit den 1980er Jahren bewährtes Konzept ist die Zooschule. Die ersten Zooschulen, sogenannte »Education Departments«, entstanden bereits kurz nach dem Zweiten Weltkrieg in amerikanischen Zoos. Im Jahr 1987 gründete auch der Münchner Tierpark eine eigene Tierparkschule. Die in der Tierparkschule angestellten Lehrer sind eigens für diesen Zweck ausgebildete Pädagogen, die über besondere Kenntnisse im Bereich der Biologie und Tiergartenbiologie verfügen. Sie fungieren als Mittler zwischen Schule und Zoo und können ihr Lehrprogramm auf die jeweilige Besuchsgruppe abstimmen. Die Zielgruppen reichen dabei von Vorschulklassen über die gymnasiale Oberstufe bis hin zu Lehramtsanwärtern und Zoologie-Studenten. Die Gruppen haben freie Themenwahl und können außerdem zwischen kurzen Einführungen und

Früher war das Füttern durch die Besucher in Hellabrunn erlaubt. Ein Foto aus den 1930er Jahren.

mehrtägigen Projekten wählen. Mögliche Themen sind beispielsweise »Artenschutz im Zoo« oder »Vögel – Anpassung an Lebensräume«.

Zoo für Kinder

Nicht nur die Tierparkleitung, sondern auch die Stadt München hat ein großes Interesse daran, Kindern mit Hilfe des Zoos Wissenswertes zu vermitteln. Um Hellabrunn für Kinder attraktiver zu gestalten, verkündete 1973 Münchens damaliger Oberbürgermeister Georg Kronawitter die Einrichtung eines speziellen Kindertierparks als neuen Bereich von Hellabrunn. Bis 1977 dauerten Planung und Ausführung des Vorhabens, dann konnte »Europas schönster

Blick auf den 1977 eröffneten Hellabrunner Kindertierpark in den 1980er Jahren.

Mit Ponys durch den Tierpark Ende der 1960er Jahre.

Kindertierpark«, wie der »Münchner Merkur« damals titelte, seine Pforten öffnen. Die insgesamt 25.000 m² wurden in drei Dörfer unterteilt: Dorf 1 bestand aus einem großen Sandplatz mit Rutschen, Schaukelpferden, Planschbecken, Kletternetzen, Wippen, einem Irrgarten, Strohballen zum Bauen von Höhlen und Hütten, Safariautos und einem Karussell. In Dorf 2 wurde die Entwicklung eines Huhns vom Ei bis zum Küken in einer Aufzuchtstation gezeigt, in Dorf 3 gab es in den 1970er Jahren Melkvorführungen an Kühen.

Kronawitters Idee, den Kindern Tiere und ihre Verhaltensweisen durch »hautnahes« Erleben näher zu bringen und zugleich Freizeit aktiv zu gestalten, ging auf und wurde in den kommenden Jahren noch durch Streichelzoos ergänzt. Weil den Kindern spielerisch Naturverbundenheit vermittelt werden sollte, fertigte man außerdem alle Spielgeräte aus natürlichen Materialien, ein Konzept, das auch beim heutigen Spielplatz mit seinen großen Klettergerüsten beibehalten wurde.

Füttern im Tierpark

Kinderattraktionen und besondere Areale für Kinder gab es in Hellabrunn bereits in der Gründungszeit des Tierparks, wie überhaupt Kinder im 20. Jahrhundert zur wichtigsten Besuchergruppe in Zoos aufstiegen. Ein ebenso elementarer Bestandteil des Tierparkbesuchs war seit der Gründung das Vergnügen gewesen, Tiere selbst füttern zu dürfen.

Hier gibt es Futter! Futterautomat im Kindertierpark.

Heinz Heck hatte dieses Bedürfnis, in unmittelbaren Kontakt mit den Tieren zu kommen, ausdrücklich verteidigt. Nachdem aber 1968 ein kleines Mädchen beim Versuch, einen Elefanten zu füttern, ums Leben gekommen war, wurde in Hellabrunn ein allgemeines Fütterungsverbot ausgesprochen. Das Mädchen hatte das Brot nicht losgelassen und war von dem Elefanten ins Gehege gezogen worden. Ein allgemeines Problem der Fütterung durch Besucher war und ist, dass die Tiere dabei oft zu viel und vor allem das falsche Fressen bekommen.

Streicheltiergehege

Mit der Eröffnung des Kindertierparks 1977 wurden dafür Lösungen gefunden. Weil durch das Fütterungsverbot der direkte Kontakt von Tier zu Mensch beeinträchtigt wird, der besonders Kindern wichtig ist, richtete Hellabrunn Streicheltiergehege ein. Die Ziegen und Schafe in diesen Gehegen sind zutraulich und den unmittelbaren Kontakt zum Menschen gewöhnt. Gleichzeitig haben die Tiere die Möglichkeit, sich jederzeit in Schutzzonen zurückzuziehen. Um den Kindern auch das Füttern wieder zu ermöglichen, entwickelte der Tierpark in Zusam-

Zootiere zum Liebhaben. Foto von 1980.

Für die ganze Familie – der Kindertierpark in den 1970er Jahren.

menarbeit mit dem Institut für Tierphysiologie eine besondere Futtermischung, die zum Großteil aus Hohlfasern besteht und ein Überfüttern unwahrscheinlich macht. Als zusätzliche Attraktion richtete der Tierpark bei vielen Tieren öffentliche Fütterungen zu bestimmten Uhrzeiten ein. Besonders beliebt bei den Besuchern sind die Fütterungen der Robben und Seelöwen, Wildhunde, Zebramangusten und Pelikane. Die Tierpfleger achten darauf, die Fütterung nicht nur als bloße Nahrungsaufnahme zu gestalten, sondern die Tiere dabei zu beschäftigen und dadurch den Zuschauern Spaß zu bereiten. So bekommen die Zebramangusten in der Villa Dracula beispielsweise ein großes, mit Mehlwürmern gefülltes Straußenei serviert, aus dem sie sich durch kleine Löcher ihr Futter selbst mit den Pfoten fangen können.

Tierpfleger bei der Fütterung der Eisbären in den 1950er Jahren.

Warum Zoobesucher die Tiere nicht füttern dürfen

Zoobesucher lieben es, die Tiere zu füttern. Sie wollen die im Zoo gezogenen Grenzen überwinden und einen unmittelbaren sozialen Kontakt zu den Tieren herstellen, Tiere nicht bloß betrachten, sondern sich mit ihnen austauschen. Das konnte in der Geschichte der Zoos auch gewalttätige Züge annehmen. Tiere wurden mit Steinen beworfen oder vergiftet. Bereits 1794 brachte man deshalb in der Pariser Menagerie vor den Tierkäfigen Verbotsschilder an, die untersagten, den Tieren etwas zuzuwerfen. Dennoch gehörte das Füttern der Tiere durch Besucher bis ins 20. Jahrhundert zum Zooerlebnis, auch in Hellabrunn. In einem »Das Publikum darf füttern« überschriebenen Artikel, der 1936 in der Tierparkzeitschrift erschien, verteidigte Zoodirektor Heinz Heck das Füttern, das in vielen Zoos bereits damals verboten war – es ermögliche »naturfremden« Stadtbewohnern den Kontakt mit der Tierwelt. Verkaufskioske und herumfahrende Wagen boten geeignete Futtermittel zum Verkauf an. Doch auch in Hellabrunn, wie in anderen Zoos, starben viele Tiere durch falsche Nahrungsmittel oder auch Gegenstände, wie z. B. durch einen Bleistift, der in den 1940er Jahren einem Walross von einem Besucher ins Maul geworfen wurde. Erst 1968 wurde in Hellabrunn ein allgemeines Fütterungsverbot erlassen, nachdem ein kleines Mädchen beim Füttern eines Elefanten getötet worden war. Seitdem können die Besucher zu festgelegten Zeiten die Fütterung bestimmter Tierarten durch ihre Tierpfleger zwar beobachten, aber nicht mehr selbst füttern. Nur an wenigen Stellen, wie im Kindertierpark, sind Futterautomaten aufgestellt. Dort kann für einen kleinen Betrag Futtergranulat gekauft und verfüttert werden.

Eisbären zur spielerischen Herausforderung wird, zum leckeren Kern der Eisbombe vorzudringen.

Ein weiteres attraktives Angebot für Kinder ist das alljährliche Ostereiersuchen. Und Besucher, die einen besonderen Einblick in den Zooalltag

Eisbärenfütterung Mitte der 1930er Jahre.

Werbeplakat für das traditionelle Hellabrunner Ostereiersuchen.

Die Nahrung soll »erobert« werden

Im Wildhundgehege sorgt eine spezielle Vorrichtung für die Nahrungseroberung: an einem aus Seilwinden gefertigten Beutesimulator kann Fleisch befestigt werden, dem die Tiere dann hinterherjagen müssen. Und die Eisbären erhalten hin und wieder als besonderes »Schmankerl« Eisbomben. Hierfür frieren die Pfleger Obst und Fleisch in mehreren Lagen ein, sodass es für die

gewinnen möchten, haben die Möglichkeit, in Gruppen von bis zu 20 Personen spezielle Führungen zu buchen. Das kann im Rahmen eines Kindergeburtstages der Blick hinter die Kulissen sein, eine Begegnung mit dem Lieblingstier oder eine abendliche Führung mit Nachtsichtgerät.

Der Zoo und seine kleinen Besucher

Der Anteil der Kinder, die einen Zoo aufsuchen, ist nicht nur in Deutschland seit etwa Mitte des 20. Jahrhunderts stetig gewachsen. Das hat den Zoo verwandelt. Galt er im 19. Jahrhundert vor allem als bürgerliches Bildungs- und Freizeitangebot für Erwachsene, so ist aus dem Zoo im 20. Jahrhundert zunehmend ein Erlebnisort für Familien mit Kindern geworden. Kinder sind heute in Hellabrunn und anderen Zoos die wichtigste Besuchergruppe. Betreiber von Zoos und Werbeleute haben darauf reagiert und den Zoo auf vielfältige Weise auf die Bedürfnisse von Kindern ausgerichtet. Bereits in den Anfangsjahren des Tierparks Hellabrunn gab es spezielle Tage für Kinder mit Ponyfahrten und, wie noch heute, Dromedarreiten. 1936 richtete man ein Streichelgehege ein, 1953 entstand ein eigener Kindertiergarten, u. a. mit Gehegen für kleine Ponys und Zwergesel, mit einem Spielkäfig für zahme Affen und der Miniatureisenbahn, dem so genannten Tierpark-Express, der noch heute zu den Attraktionen des Tierparks gehört. 1977 eröffnete Oberbürgermeister Georg Kronawitter den grundlegend erneuerten Kindertierpark, den der *Münchner Merkur* damals als »Europas schönsten Kindertierpark« feierte. In den folgenden Jahren wurde er dem jeweils neuesten Stand der Kindererlebniswelt angepasst. Um die Verniedlichung der Tiere zu korrigieren, wie sie in Spielzeugen und Kinderfilmen zum Ausdruck kommt, wurde in Hellabrunn 1986 eine Zooschule eingerichtet. Auch das 2007 eröffnete Artenschutzzentrum wendet sich speziell an Kinder. Hier sollen sie für den Arten- und Naturschutz sensibilisiert werden. Kinder können sich am Blasrohr versuchen oder virtuell einen Tiertransport steuern. Zu den besonderen Angeboten des Tierparks gehört, dass in Hellabrunn Kindergeburtstage gefeiert werden können. Dabei schauen die Kinder hinter die Kulissen des Tierparks, auch spätabends, wenn er für andere Besucher schon längst geschlossen ist.

Die »Hellabrunner Mischung«

Als sich der Elefantenbulle »Boy« in den 1930er Jahren beide Stoßzähne abbrach und in der Folge wegen starker Schmerzen niemanden mehr an sich heranlassen wollte, blieb Heinz Heck nur eine Möglichkeit: Er musste »Boy« mit einem gezielten Schuss zwischen die Augen von seinen Schmerzen erlösen. Damals hatten weder Tierpfleger noch Tierarzt die Chance, dem Elefanten ohne Gefahr nahe genug zu kommen, um ihn behandeln zu können. 75 Jahre später konnte einem anderen Elefantenbullen namens »Boy« in der Ukraine beim selben Problem mit Hilfe einer Operation das Leben gerettet werden. Während Heck in den 30er Jahren nur scharfe Munition zur Verfügung hatte, konnte Henning Wiesner, der vom Zoo in Kiew um Hilfe gebeten worden war, auf eine Methode zurückgreifen, die zu einem Aushängeschild Hellabrunns avancierte: die Distanzimmobilisation mit Blasrohr und Narkosepfeil.

Für die meisten Tiere ist eine tierärztliche Behandlung oder ein Transport in wachem Zustand großer Stress. Deshalb greift man in solchen Fällen auf die Narkose zurück. Als besonders stressfrei hat sich die Distanzimmobilisation erwiesen, bei der das Tier aus der Ferne betäubt

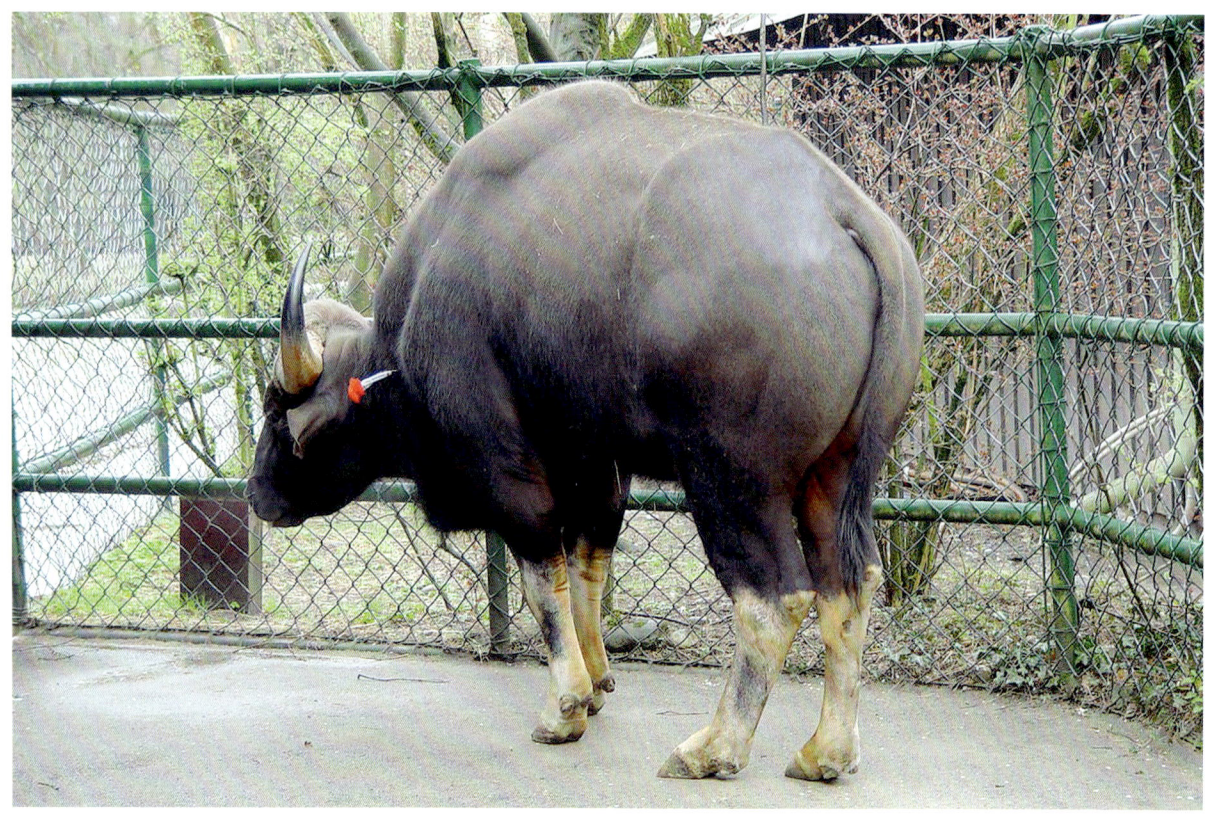

Die »Hellabrunner Mischung« beim Einsatz im Tierpark.

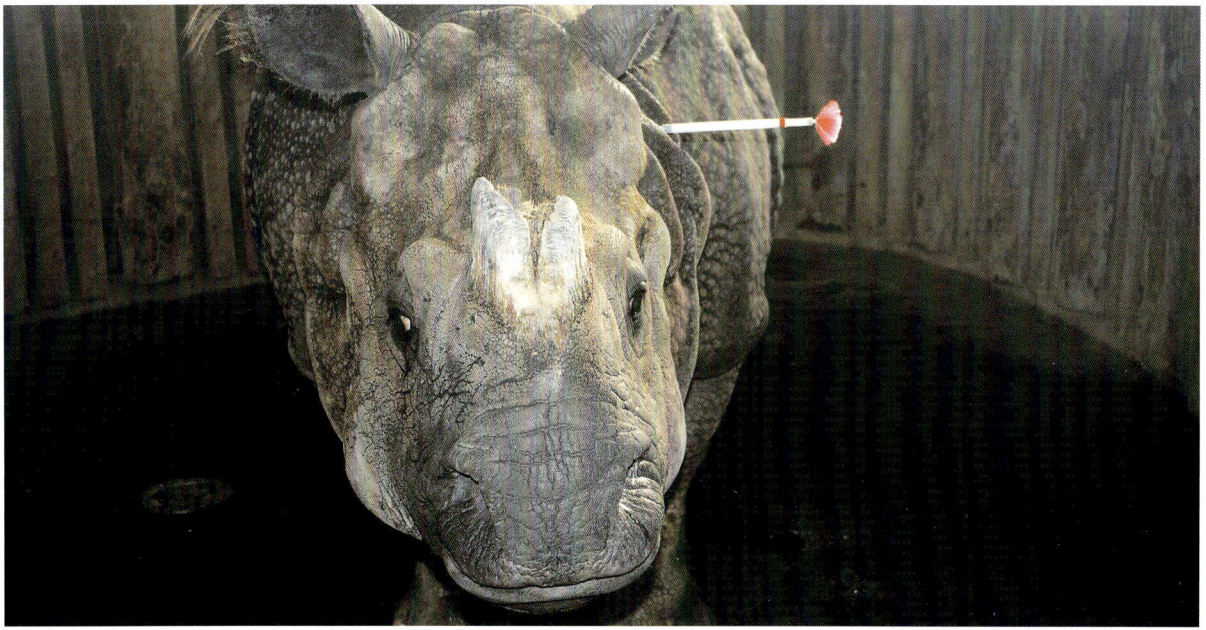
Vom Narkosepfeil getroffenes Nashorn im Tierpark Hellabrunn.

wird. Als Wiesner in den 1970er Jahren in Hellabrunn als Tierarzt angestellt war, arbeitete man noch mit Narkosegewehren der ersten Generation. Das Gewehr erzeugte damals mit einem Schuss so viel Schubkraft, dass der Narkosepfeil bei kleineren Tieren viel zu tief eindringen und dabei auch Knochen verletzen oder anderweitig zu schwerwiegenden Verletzungen führen konnte. Wiesner und seine Tierarztkollegen benutzten deshalb ein Blasrohr, mit dem die Narkosepfeile lautlos und mit geringerer Schubkraft geschossen werden konnten.

Zudem mussten sie ein Narkosemittel finden, das auch in Kleinstmengen gute Wirkung zeigt. Denn Blasrohrpfeile sind weitaus gewichtanfälliger als Narkosegewehre. Die Lösung war die »Hellabrunner Mischung«, ein Gemisch aus zwei Anästhetika mit hohem Wirkungsgrad, geringem Mortalitätsrisiko und einer großen therapeutischen Bandbreite. Die Betäubungsmethode mit Blasrohr und »Hellabrunner Mischung« hat dazu beigetragen, dass Tiere heute stress- und schmerzfrei bei sehr geringem Risiko – die Mortalität liegt bei 0,35 Prozent – narkotisiert werden können. Dem Elefanten »Boy« aus Kiew konnten die Tierärzte um Henning Wiesner in einer dreieinhalbstündigen Operation den vereiterten Zahnstumpf entfernen und ihm so das Leben retten.

Vom Wärter zum Tierpfleger

Heinz Hecks gute Beziehungen zu den amerikanischen Besatzern nach dem Zweiten Weltkrieg ermöglichten es, dass der Tierpark Arbeitskräfte aus Kriegsgefangenenlagern rekrutieren durfte. Die wenigen freien Stellen im Tierpark waren

Tierpfleger in Raubtieranlagen mussten früher Dompteure sein, weil das Füttern oft nur in direktem Kontakt möglich war.

deshalb schnell vergeben. Neben Schreinern und Schlossern wurde vor allem Personal gebraucht, das sich um die Tiere kümmern konnte. In den Anfangsjahren hatten die meisten »Wärter«, wie sie damals noch hießen, einen landwirtschaftlichen Hintergrund – sie kamen aus der Milch- und Pferdewirtschaft oder waren Schäfer, manche von ihnen hatten auch bei einem Zirkus gearbeitet. Für die Raubtierwärter der frühen Hellabrunner Jahre war eine Dompteur-Ausbildung im Zirkus sogar Pflicht. Nicht ungefährlich war beispielsweise die Versorgung der Eisbären. Sie lebten auf einer felsigen Terrassenlandschaft mit tiefem Graben, der das Gehege abgrenzte. Besonders abenteuerlich für die »Wärter« erwies sich das Gehege deswegen, weil die Bären zur Fütterung oder Reinigung der Anlage nicht eingesperrt werden konnten. Die Männer mussten zu den Bären in die Anlage hinabsteigen. In der Anfangszeit des Tierparks waren solche Arbeitsstellen, auch etwa die Elefantenpflege, eine absolute Männerdomäne. Heute ist das Verhältnis von weiblichen und männlichen Tierpflegern annähernd ausgeglichen.

Ausbildung zum Tierpfleger

Seit Ende der 60er Jahre gibt es eine spezielle Ausbildung zum Tierpfleger. Der Beruf ist offiziell anerkannt, die Industrie- und Handelskammer nimmt die Prüfungen dafür ab. Neben dem Lehrberuf »Zootierpfleger« sind weitere Spezialisierungen möglich, zum Beispiel eine Ausbildung als »Instituts- oder Versuchstierpfleger«. Der Hellabrunner Nachwuchs absolviert zunächst ein Praktikum, etwa in den Schulferien, um sicherzustellen, dass sich Wünsche und Fähigkeiten der Bewerber auch mit den Anforderungen decken, die an einen Pfleger im Tierparkalltag gestellt werden. Denn oft haben die an der Arbeit im Zoo interessierten jungen Menschen völlig falsche Vorstellungen vom tatsächlichen Arbeitsalltag des Tierpflegers.

Hellabrunner Tierpfleger führen Greifvögel vor.

Gründe für die Unkenntnis liegen darin, dass viele Aspekte der Arbeit als Tierpfleger den Besuchern verborgen bleiben und u. a. durch Fernsehbeiträge ein falsches Bild vom Beruf des Zootierpflegers vermittelt wird. Ein Bild, welches sich in erster Linie auf die angenehmen Tätigkeiten wie etwa das Füttern der Tiere beschränkt und Dinge vernachlässigt, die weniger populär, jedoch ebenso notwendig sind, zum Beispiel das Ausmisten und Reinigen der Gehege und Stallungen. Die Bewerberinnen und Bewerber vereint meist eine gewisse Affinität oder Leidenschaft zur Natur und der Wunsch, überwiegend im Freien zu arbeiten anstatt in einem Büro. Während in den ersten Jahrgängen ein qualifizierter Hauptschulabschluss die Regel war, hat die Mehrzahl der heutigen Azubis die Mittlere Reife, einige von ihnen haben sogar Abitur. Während der Ausbildung wird versucht, den jungen Mitarbeitern einen möglichst breiten Erfahrungshorizont zu vermitteln. Dies ist wegen der IHK-Prüfung notwendig und auch im Blick auf das spätere Arbeitsverhältnis im Zoo wichtig.

Die Tiere suchen den Tierpfleger aus

Thomas Ulsperger, Tierpfleger im Europa-Revier des Tierparks, sagt: »Man kann sich nach der Ausbildung nicht hinstellen und sich einfach ein Revier aussuchen, letztendlich suchen sich die Tiere ihre Pfleger selbst aus.« Er meint damit natürlich nicht die tatsächliche Auswahl durch die Tiere. Doch braucht man unterschiedliche Talente, um sich mit bestimmten Tierarten zurechtfinden zu können. Bei Herdentieren, besonders den größeren wie Elefanten, Rotwild oder Elchen, ist es beispielsweise unumgänglich, sich als Tierpfleger selbst in die Herde zu integrieren und an ihrer Spitze zu stehen, noch vor dem eigentlichen Leittier. Ein überdurchschnittliches Einfühlungsvermögen und die Fähigkeit, sich in Tiere hineinversetzen zu können, sind dabei ebenso wichtig wie Durchsetzungsvermögen und Konsequenz. Das »Verstehen« der Tiere bezieht sich auf deren Gemütszustand und ihre Laune. Ein erfahrener Tierpfleger erkennt das an der Gestik und Mimik seiner Schützlinge. Auch hier hat im Laufe der Zeit ein Umdenken stattgefunden. Während Zootiere früher eher zu Gehorsam gezwungen wurden, wird heute Gewalt entschieden abgelehnt und stattdessen versucht, das Vertrauen der Tiere zu gewinnen. Dieses Umdenken ist auch auf die höhere Qualität der Ausbildung zurückzuführen. Tierpfleger handeln heute aus größerer Eigeninitiative, um etwa die Haltungsbedingungen zu verbessern, und sie identifizieren sich mit ihren Tieren.

Tiere sind nicht gut und böse

Wenn sich Tierpfleger heute den Tieren gegenüber nicht mehr als überlegenes Wesen fühlen, sondern als Mitglied der Familie, der Gruppe, dann weist das auch auf generelle Veränderungen in der Wahrnehmung von Tieren und den Umgang mit ihnen hin. Das veränderte Verhältnis zu Zootieren ist auch Ausdruck eines genaueren Wissens. Während die Menschen früher dazu neigten – im Zuge des vorherrschenden Anthropozentrismus –, tierisches Verhalten zwar durchaus Instinkten oder Außenfaktoren zuzurechnen, es jedoch trotzdem als »gut« und »böse« zu bewerten, geht heute die Wissenschaft davon aus, dass für Tiere diese Kategorien nicht greifen.

Tiere sind weder zu einer »Abwägung« geschweige denn zu einer »freien Entscheidung« fähig. Sie können demnach auch keinen ethischen oder moralischen Kategorien wie »gut« oder »böse« unterworfen werden. Das gilt auch für ästhetische Überlegungen. In der Vogelwelt hat nicht etwa das Männchen mit dem »schönsten« Federkleid die größten Erfolgschancen bei den Weibchen seiner Spezies, wie man früher dachte oder wie wir es heute Kindern immer noch erklären. Es verhält sich vielmehr so: Das Exemplar mit den für die Weibchen »auffälligsten« Geschlechtsmerkmalen (meist geht es hier um Größe, Färbung oder Musterungen) wird sich bei der Partnerwerbung durchsetzen und sich schließlich auch vermehren. »Gut« und »böse« oder »schön« und »hässlich« sind ethische bzw. ästhetische Ansichten, die dem Menschen eigen sind und sich nicht einfach auf Tiere übertragen lassen.

Forschung im Zoo ist Forschung für den Zoo

Die in Hellabrunn betriebene Forschung hat zwar Zootiere zum Gegenstand, konzentriert sich jedoch nicht notwendigerweise immer nur auf deren besondere Situation im Zoologischen Garten, sondern untersucht auch Zoo unabhängige Problemstellungen, die prinzipiell auch in freier Wildbahn erforscht werden könnten. Die Tiere lassen sich allerdings in Zoologischen Gärten meist besser und mit wesentlich geringerem Aufwand beobachten als in der Wildbahn. Beispiele für solche Forschungen in Hellabrunn sind Untersuchungen über die akustische Kommunikation von Wasserschweinen aus dem Jahre 1988 und eine Studie zur räumlichen Beziehung von Hyänenhunden während der Paarungszeit aus dem Jahre 1998. Die gewonnenen Ergebnisse sind zwar auch relevant für die Zootierhaltung, doch sie gehen weit darüber hinaus. Die Mehrzahl (etwa 90 Prozent) der Hellabrunner Forschungsprojekte hat allerdings die Haltung von Zootieren zum Gegenstand.

Bei der Forschung für den Zoo wird in erster Linie versucht, Fragen der Tierernährung, des Verhaltens in Gehegen und der Beschäftigungsbedürfnisse der Tiere oder ihre Krankheiten zu klären. In diesen Fällen wird also Wissenschaft im Zoo auch direkt für den Zoo betrieben. Neben speziellen Haltungsfragen nehmen in Hellabrunn Forschungen zu Tierkrankheiten einen breiten Raum ein. Die Arbeiten dazu stammen sowohl von Tierparkangehörigen als auch von auswärtigen Wissenschaftlern. Der frühere Zoodirektor Henning Wiesner beschäftigte sich beispielsweise mit der Prophylaxe für Zoo- und Wildtiere, also mit vorbeugenden Maßnahmen zur Verhinderung von bakteriellen Erkrankungen, Virusinfektionen, Zoonosen – Krankheiten, die bei Tier und Mensch auftreten – und Parasitosen, also mit den durch Parasiten hervorgerufenen Krankheiten.

»Jamuna Toni«

Im Winter 2009 kündigte sich in Hellabrunn eine kleine Sensation an. Sechsundsechzig Jahre, nachdem in München zum letzten Mal ein Elefant zur Welt gekommen war, stand wieder eine Geburt bevor. Nach 656 Tagen Tragzeit brachte die 20-jährige »Panang« am 21. Dezember 2009 in weniger als einer halben Stunde ein gesundes

»Jamuna Toni«, geboren in Hellabrunn am 21. Dezember 2009.

Elefantenkalb zur Welt. Das asiatische Elefantenmädchen war 88 Zentimeter groß und wog 112 kg. Die Tierpfleger und die Paten, das Internetbranchenbuch GoYellow, gaben ihr den Namen »Jamuna Toni«, »Jamuna« in Anlehnung

»Jamuna Toni« war der erste in Hellabrunn geborene Elefant seit 1943.

an ihre indischen Wurzeln und »Toni« wegen des Maskottchens Toni von GoYellow, einem gelben Elefanten.

Wenige Tage nach der Geburt ließ »Panang« ihre Tochter nicht mehr trinken, vermutlich aufgrund einer Wochenbettdepression, wie sie auch beim Menschen vorkommen kann. Die Tierpfleger teilten sich daraufhin in drei Schichten ein und zogen »Jamuna Toni« mit der Flasche auf. Sobald das Elefantenhaus wieder geöffnet war, erwies sich das verspielte Elefantenbaby als wahrer Publikumsmagnet. Familien und Kindergartengruppen strömten auch bei schlechtem Wetter zu Tausenden ins Elefantenhaus, und Tierparkdirektor Andreas Knieriem rechnete übers Jahr verteilt mit bis zu 100.000 Besuchern mehr als in gewöhnlichen Jahren. Umso bestürzter zeigten sich Besucher und

Medien, als »Jamuna Toni« im Juni 2010 plötzlich krank wurde und sich ihr Gesundheitszustand rapide verschlechterte. Ein Tag vor der groß angelegten Tauffeier konnte sie plötzlich kaum noch laufen. »Jamuna Toni« wurde in eine Spezialtierklinik für Pferde eingeliefert. Dort stellte sich heraus, dass sie Knochenbrüche in allen vier Extremitäten hatte. Obwohl »Jamuna Toni« daraufhin zur Entlastung ihrer Beine in ein Tragegestell gebunden wurde und Gipsverbände erhielt, verschlechterte sich ihr Zustand weiter. Zu den diversen Knochenbrüchen kamen Kreislaufschwierigkeiten und eine schwere Lungenentzündung hinzu. Als »Jamuna Toni« schließlich

Am 14. Juni 2010 musste »Jamuna Toni« eingeschläfert werden. Sie litt an einer unheilbaren, äußerst schmerzhaften Krankheit.

immer häufiger vor Schmerzen schrie, entschied die Ethikkommission des Tierparks am 14. Juni, sie einzuschläfern, weil alle anderen Versuche, sie von Schmerzen zu befreien, fehlgeschlagen waren.

Bereits am 14. Juni abends begann am Leibniz-Institut für Zoo- und Wildtierforschung in Berlin die Obduktion des Leichnams, um den rätselhaften Umständen der Krankheit auf die Spur zu kommen. Dabei stellte sich heraus, dass »Jamuna Toni« nicht nur in den Beinen, sondern am ganzen Körper zahlreiche Knochenbrüche hatte, was auf eine chronische Stoffwechselerkrankung schließen lässt. Dass die »Glasknochenkrankheit« mit der Handaufzucht und vielleicht fehlerhafter Ernährung in Zusammenhang steht, wie in den Medien vermutet wurde, konnte allerdings durch die abschließende Untersuchung nicht bestätigt werden.

Der Tod »Jamuna Tonis« hat nicht nur bei der Münchner Bevölkerung große Betroffenheit hervorgerufen. Besonders schlimm war der Verlust für die drei Pflegeväter, die sechs Monate lang abwechselnd im Elefantenhaus campiert hatten, um dem kleinen Elefanten regelmäßig die Flasche zu geben. Ein kleiner Trost ist in Sicht. Hellabrunn wird wahrscheinlich nicht wieder sechzig Jahre auf Elefantennachwuchs warten müssen. Denn »Jamuna Tonis« Tante »Temi« ist trächtig und wird voraussichtlich im Mai 2011 ihr Kalb zur Welt bringen.

Neubau der Eisbärenanlage 2010

Im Zuge des Generalausbauplanes war 1971 beschlossen worden, mit einem neuen Polarium Robben, Pinguinen und Eisbären ein neues Zuhause zu geben. Peter Lanz erhielt mit seinem Architekturbüro den Auftrag für den Neubau. Am 29. August 1975 konnte das neue Polarium eröffnet werden. Man fand hier technisch neuartige Lösungen für die Haltung der empfindlichen Polartiere. Die Gehegeanlage wurde, trotz der bereits damals schon bestehenden Kritik, als modernste Anlage des Landes gefeiert. Dies war angesichts der bisherigen Bedingungen nicht übertrieben: In München waren seit der Wiedereröffnung Hellabrunns nach dem Zweiten Weltkrieg keine nennenswerten Veränderungen an der Eisbärenanlage vorgenommen worden. Die neue, bereits von Zoodirektor Henning Wiesner initiierte Eisbärenanlage ist wesentlich größer und erstreckt sich über das Gelände, das früher zur Moschusochsenanlage gehörte. Dort befinden sich eine Taiga- und Tundralandschaft und ein großer Teil des Wasserbeckens. Zum Wasserbecken hin ist der gesamte Uferbereich abgeflacht worden, um den Tieren einen bequemen Zugang zu ermöglichen. »Das ist besonders für den künftigen Nachwuchs wichtig. Denn hier soll er – räumlich getrennt vom Vater – in Ruhe mit seiner Mutter aufwachsen«, zitiert die »Süddeutsche Zeitung« Andreas Knieriem, Wiesners Nachfolger im Amt des Zoodirektors, der die Pläne seines Vorgängers aufnahm und weiterentwickelte. Das wichtigste Ziel des Neubaus war es, die Hal-

Blick auf die 2010 neu eröffnete Hellabrunner Eisbärenanlage.

tungsbedingungen für die Eisbären ein weiteres Mal zu verbessern. Durch die Erweiterung wurde ein deutlicher Flächengewinn erzielt. Außerdem sollte der Beton weichen, damit sich die neue Anlage harmonisch in die Isarauenlandschaft einfügen konnte. Im früheren kleinen Eisbärengehege neben der großen neuen Anlage wurden die einstigen Betonschollen mit Granitplatten verkleidet, die aus Sicherheitsgründen um rund einen Meter erhöhten Rückwände mit einem der Natur nachempfundenen Nagelfluh-Imitat verkleidet. Neben den landschaftsarchitektonischen Aspekten ist der Nutzen für die Eisbären augenscheinlich: Sie haben wieder natürlichen Bodenbelag anstatt Beton unter ihren Füßen. Besonders spektakulär ist die Unterwassereinsicht in das Becken. Die Besucher können den Eisbären durch Glasscheiben beim Schwimmen zusehen.

Eisbärennachwuchs

1975 zogen vier Eisbärinnen zusammen mit einem eigens für die Zucht aus England eingetroffenen männlichen Bären in das damals neue Gehege ein. Der männliche Bär mit dem Namen »Sam« war berüchtigt, da er in seiner Heimat ein weibliches Tier getötet hatte. Kurz nach der Eröffnung der Anlage kam auch die junge Eisbärin »Lisa« aus Rostock nach München. Sie lebte bis zum Neubau der Anlage 2009 in München und war die einzige Eisbärin, die seit 1975 gleich mehrfach für Nachwuchs in Hellabrunn sorgte. »Lisa« brachte unter anderem »Lars« auf die Welt, den Vater von »Knut«. Insgesamt verlief die Eisbärenzucht in Hellabrunn bisher jedoch wenig erfolgreich. Mehr Erfolg erhofft man sich von der Zukunft. »Yoghi« und »Giovanna«, das Münchner Eis-

Eisbärenmutter mit Nachwuchs, eine Szene aus dem alten Polarium.

bärenpärchen, auf dem derzeit alle Hoffnungen ruhen, muss sich erst noch an die neue Umgebung gewöhnen. Früher schien »Yoghi« durchaus an »Giovanna« interessiert zu sein, doch war die junge Bärendame wohl noch nicht alt genug für seine Annäherungsversuche. Helmut Kern, der Revierleiter des Polariums, meint, dass sich das bald ändern könnte: »Die Voraussetzungen dafür sind jedenfalls gut. Sie war nach Angaben der Berliner vor kurzem schon mal hitzig, was eigentlich total untypisch ist ... Im Frühjahr könnte sie also gedeckt werden, das kriegt man gut mit, weil Eisbären eine Woche lang decken«, erklärte er der »Süddeutschen Zeitung«.

Seltene Tiere in Hellabrunn

Löwe, Tiger, Elefant, Giraffe, Nashorn, Flusspferd – diese Tiere musste ein Zoo früher unbedingt besitzen, um als bedeutend zu gelten und attraktiv zu sein. Heute propagieren Zoos Artenschutz und artgerechte Tierhaltung. So gab man in Hellabrunn 2002 die Flusspferde ab, um die Elefantenhaltung verbessern zu können. Als seltene Tiere gelten heute vor allem die, deren Bestand gefährdet ist. In Hellabrunn sind das u. a. Kiang (Tibet-Wildesel), Panzernashorn und Takin (ein Hornträger, auch Gnuziege oder Rindergämse genannt), auch Seychellen-Riesenschildkröten, die früher interessante Untermieter hatten: eine Nacktmull-Kolonie (der Nacktmull ist weniger ein gefährdeter als ein kurioser und überaus seltener Zoobewohner). Ebenfalls in Hellabrunn zu sehen sind die stark gefährdeten Primatenarten Silbergibbon und Drill. Eine der stark bedrohten Vogelarten ist der skurril anzuschauende Waldrapp. In der Reptilienabteilung schlüpften vor kurzem mehrere sehr seltene Madagaskar-Strahlenschildkröten. Erfreulich im Sinne der Arterhaltung ist auch, dass die Nachzucht des Molukken-Kardinalbarsches in Hellabrunn gut funktioniert. Doch nicht nur gefährdete Arten aus fernen Ländern haben in Hellabrunn ein Zuhause gefunden. Zauneidechsen, Fledermäuse, Wildbienen und Hornissen werden im Tierpark aktiv mit Brut- und Futterstellen versorgt – ebenso wie die Schwalben im Elefantenhaus. Auch die stark gefährdete und geschützte nord- und mitteleuropäische Teichmuschel ist in Hellabrunn heimisch geworden. Und die Europäischen Sumpfschildkröten bevölkern Wassergräben vor Hellabrunner Gehegen.

Andreas Knieriem, seit 1. Dezember 2009 Direktor des Tierparks Hellabrunn.

Gegenwart und Zukunftsvision

2009 trat Henning Wiesner, 28 Jahre lang Zoodirektor des Tierparks, in den Ruhestand. Als sein Nachfolger wurde vom Aufsichtsrat der Münchner Tierpark-Gesellschaft einstimmig Andreas Knieriem berufen, der nun seit dem 1. Dezember 2009 den Tierpark Hellabrunn leitet. Zuvor war Knieriem stellvertretender Zoologischer Leiter und zugleich leitender Tierarzt des Zoos von Hannover.

Der Zoo von heute

Eine bestimmte Berufsqualifizierung verband sich mit der Funktion
des Zoodirektors erst im Laufe des 20. Jahrhunderts. Hermann Manz, erster Direktor
von Hellabrunn, war Oberstleutnant a. D. des Bayerischen Heeres,
Carl Hagenbeck, Gründer des Stellinger Tierparks, war Tierhändler gewesen.

Die Absichten des neuen Zoodirektors

Wie Knieriem und sein Vorgänger Wiesner sind heutige Zoodirektoren überwiegend Veterinärmediziner oder Allgemeinbiologen. Auch Bernhard Grzimek, bis 1974 Direktor des Frankfurter Zoos und wohl der bekannteste deutsche Zoodirektor des 20. Jahrhunderts, war Tierarzt. Der feierliche Spatenstich, der den Baubeginn der neuen Hellabrunner Eisbärenanlage markierte, war Knieriems erste offizielle Amtshandlung. Wie sieht der neue Direktor seine Arbeit im Tierpark und überhaupt die Zukunft des Zoos? Knieriems Ausführungen beschließen den historischen Rundgang durch Hellabrunn, indem sie den Blick in die Gegenwart und Zukunft des Tierparks lenken.

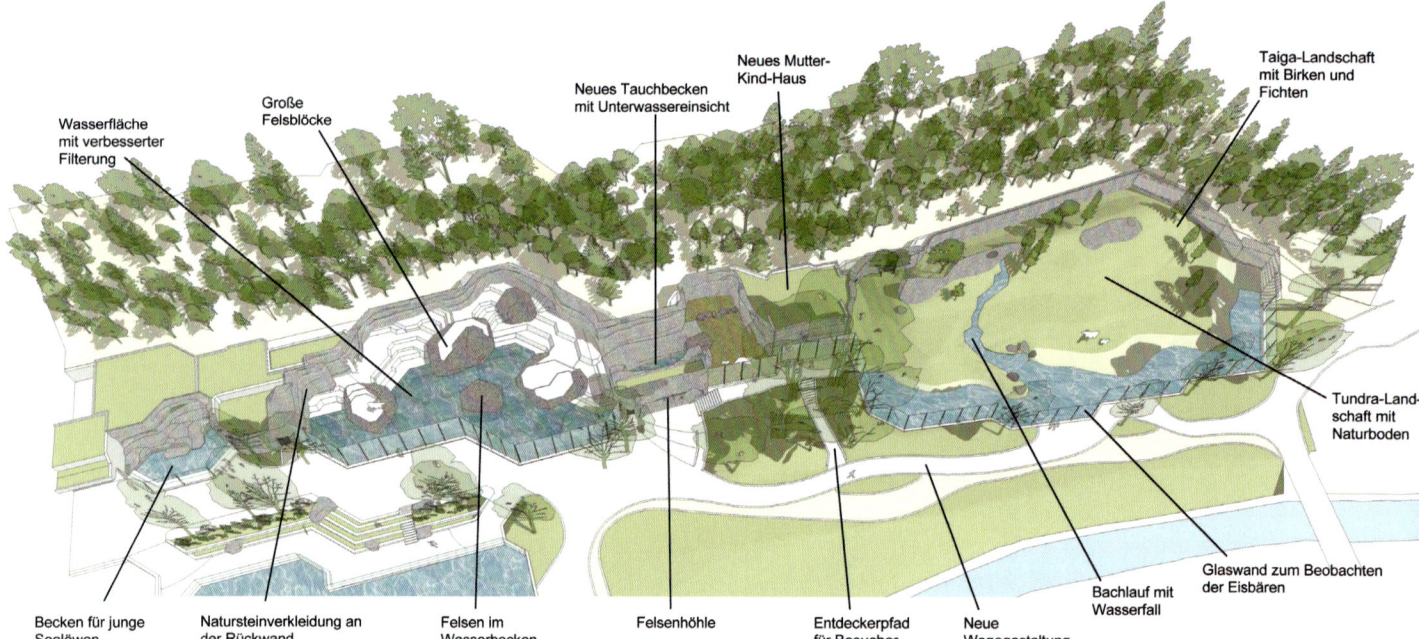

Visualisierung der 2010 eröffneten Hellabrunner Eisbärenanlage durch das Architekturbüro Lanz, das schon das alte Polarium entworfen hatte.

Richtig zum Wohlfühlen ...

... die neue, 2010 eröffnete Eisbärenanlage.

Zootiere leben länger

Tierschutz gehört heute zum Programm eines modernen Zoos. Auch Tierparkbesucher sind sensibel, wenn es um die Tierhaltung geht. Missstände registrieren sie sehr genau und tun sie auch kund. Manche bezweifeln ganz grundsätzlich, dass sich die Bedingungen der Zootierhaltung im Laufe der Geschichte positiv verändert haben. Wer so argumentiert, will die zahlreichen Belege nicht wahrhaben, die für die qualitativen Verbesserungen in der Zootierhaltung sprechen. Nur ein Beispiel: Die durchschnittliche Lebenserwartung von Zootieren ist in den letzten Jahrzehnten kontinuierlich gestiegen, was an der Art der Unterbringung und am Futter liegt, aber auch an neuen Erkenntnissen der Veterinärmedizin. Ein – auf den ersten Blick negativer – Umstand verdeutlicht diese Entwicklung: Alte Zootiere leiden zunehmend an Krankheiten wie wir Menschen auch, also an Arthrose, Krebs, Gefäßverkalkungen und Herzproblemen, die bei Tieren in der Wildbahn nicht auftreten. Grund dafür ist allein die Lebenserwartung, die bei Tieren im Zoo oft drei- bis viermal höher ist als bei ihren Artgenossen in der Wildbahn, die gar nicht erst das Alter erreichen, in dem Krankheiten wie Arthrose und Krebs ausbrechen.

Globaler Artenschutz

Tierschutz bezieht sich auf einzelne Tiere. Umfassender ist der Artenschutz, den moderne Zoos heute als global verstandenen Naturschutz betreiben. Schon Bernhard Grzimek erkannte als vordringliche Aufgabe eines modernen Zoos den Populations- und Artenschutz. Zoos sollen als »Gen-Reservat« dienen. Beim Populations- bzw. Artenschutz geht es um bedrohte Tierarten in ihren verschiedenen Populationen. Moderne Zoos wie Hellabrunn wollen mit dem Artenschutz zur Populationserhaltung durch Zucht beitragen. Während die Absprachen über die Zucht einzelner Tierarten früher mehr oder weniger zufällig auf Initiative von Einzelpersonen hin zustande kamen, werden Zucht- und Auswilderungsprogramme heute wesentlich

von internationalen Assoziationen organisiert und betreut. Eine solche Organisation ist die EAZA, die »European Association of Zoos and Aquaria«. Das 1988 gegründete Netzwerk verbindet über 300 Mitglieder in 35 Ländern und ermöglicht dadurch eine intensive internationale Zusammenarbeit, die für qualitativ hochwertige Züchtungen und die Verbesserung von Haltungsbedingungen (Unterbringung der Tiere, Futtermittel oder medizinische Versorgung auf aktuellem Stand der Forschung) notwendig ist.

Für viele bedrohte Tierarten wurde ein eigenes Schutzgremium gegründet, in dem ein Vorsitzender, unterstützt von einem Beirat, zunächst die Zucht in europäischen Zoos, später auch, wenn möglich, die weltweite Zucht koordiniert. Zu diesem Zweck werden u. a. Datenbanken eingesetzt, die beispielsweise Paarungskombinationen ermitteln, um Inzucht zu verhindern. Zuchtprogramme und Auswilderungen gab es schon früher, auch und gerade in Hellabrunn. Neu ist die Integration und Systematisierung der Aktivitäten, an denen sich Hellabrunn in Zukunft verstärkt beteiligen will.

Hellabrunn als Teil der »Weltzootier-Population«

Möglichst alle Zoos und Tierparks sollen an den global organisierten Zuchtprogrammen beteiligt werden. Das Ideal ist eine »Weltzootier-Population«. Wildfänge sind hierfür kaum noch notwendig. Wenn heute noch Tiere in der Wildnis gefangen und in Zoos gebracht werden, dann in der Regel nicht zu Züchtungszwecken, sondern aus Tierschutzüberlegungen, etwa dann, wenn natürliche Lebensräume zerstört oder Naturreservate durch Wilderei in Gefahr geraten sind. Es gibt heute Gremien, die – auf

Im Niederaffenhaus: Ein Katta lässt es sich schmecken.

Im Schnee gestöbert: ein Hellabrunner Alpaka.

einzelne bedrohte Tierarten spezialisiert – grenz- und themenübergreifend den Kampf gegen die Ausrottung bestimmter Tierarten betreiben.

Fragen des Naturschutzes wie die Konservierung von ökologischen Nischen als Lebensrefugien für bedrohte Wildtiere oder tiergerechtere Haltungsbedingungen in Zoos spielen dabei ebenso eine Rolle wie die Organisation von Zucht- und Auswilderungsprogrammen. Wichtig ist, dass nicht ein einzelner Zuchtkoordinator allein die Fäden in der Hand hält, sondern dass ihm ein Kompetenzteam zur Seite steht, mit dessen Hilfe Maßnahmen geplant und umgesetzt werden können.

Die »Rote Liste« gefährdeter Tierarten

Seit 1966 veröffentlicht die Weltnaturschutzunion (IUCN) jährlich so genannte »Rote Listen« über die weltweit gefährdeten Tier- und Pflanzenarten. Auch einzelne Staaten und deutsche Bundesländer geben solche Listen heraus, die auch im Internet veröffentlicht werden. Zum Beispiel die Säugetiere: Von 5.488 Arten sind derzeit rund 21 Prozent in ihrem Bestand bedroht. Die »Roten Listen« sind nach unterschiedlichen Graden der Gefährdung geordnet. In die Kategorie »stark gefährdet« gehört beispielsweise der in Hellabrunn gehaltene Sibirische Tiger, auch Amur-Tiger genannt. Sein natürlicher Lebensraum ist der russische Ferne Osten und die angrenzenden Gebiete in Nordostchina. Nur noch etwa 450 Tiere leben dort nach der letzten Schätzung. Doch nicht nur der Sibirische Tiger ist bedroht. Zum Schutz aller Tiger fand im November 2010 in Sankt Petersburg ein hochrangig besetztes internationales Gipfeltreffen statt. 13 Länder, in denen die Großkatze heute noch frei lebt, haben vereinbart, die Zahl der Tiger bis zum nächsten »Jahr des Tigers« im Jahr 2022 zu verdoppeln. Ermöglichen sollen das besondere Schutzmaßnahmen und verstärkte Kontrollen, mit denen das Wildern und Schmuggeln des Tigers eingeschränkt werden kann.

Experten sind gefragt

Biologen betreiben Feldforschung, Tierärzte überwachen die eigentlichen Züchtungen, Diplomaten kümmern sich um politisch-rechtliche Stolpersteine, die einer erfolgreichen Auswilderung eventuell im Wege stehen. Auch die Expertise von Fachleuten, die normalerweise mit dem Tierparkleben nichts zu tun haben, ist in einer zunehmend unübersichtlichen Weltgesellschaft absolut notwendig. Es ist sinnvoller, nur eine Kommission zu haben, die sich mit dem Artenschutz z. B. von Löwen beschäftigt und dabei für alle Länder zuständig ist, als in jedem Land eine Organisation zu haben, die zwar für alle Tiere zuständig ist, jedoch nicht mit Nachbarländern vernetzt ist und daher mit diesen nicht Hand in Hand arbeiten kann. Die große Chance einer solchen Organisationsstruktur ist es, dass beim Artenschutz höhere Standards erreicht und darüber hinaus ganzheitliche Konzepte und Programme etabliert werden.

Hellabrunn wird sich in Zukunft in diese internationalen Strukturen stärker integrieren. Unser Ziel ist es, den Tierpark als Teil des globalen Artenschutz-Netzwerks zu verstehen. In Hellabrunn gibt es für derartige Zuchtprogramme bereits konkrete Pläne. Der in seiner Heimat in Nigeria und Kamerun stark gefährdete Drill – eine Affenart – liegt uns dabei besonders am Herzen. Der Drill ist auch in Zoos äußerst selten – anders als etwa sein Verwandter, der Mandrill. Das möchten wir nach Möglichkeit ändern. Aus diesem Grund ist es wichtig, Lobby-Arbeit für diese

Traute Zweisamkeit:
Hellabrunner Zebramutter mit Fohlen.

bedrohte Spezies zu leisten. An der Etablierung einer Drillpopulation zum Zwecke der Zucht wird im Tierpark Hellabrunn derzeit gearbeitet.

Der Tierpark als Erfahrungsraum

Von Anfang an verstanden sich Zoos als Bildungseinrichtungen. Das galt und gilt noch heute auch für Hellabrunn, wenngleich sich Inhalte und Vermittlungsformen von Bildung im Laufe der Zeit geändert haben. Wichtig ist Folgendes:

Hautnahe, erlebnisreiche Begegnung: Kinder im Streichelzoo des Tierparks.

Kein Bild im Buch, auf dem Fernsehschirm oder Computer – sei es auch noch so sehr in »3D« und »True Colour« – kann das reale Erleben ersetzen oder ihm auch nur gerecht werden. Dies gilt umso mehr für Begegnungen mit lebenden Tieren, die alle unsere Sinnesorgane fordern. Wer nie das borstige Fell einer Ziege oder ihre raue Zunge auf der eigenen Haut gefühlt hat, wer niemals den scharfen Geruch im Haus der Raubkatzen gerochen, nie das Kreischen der Paviane, das Schnauben der Elefanten und den vielstimmigen Gesang der Vögel unmittelbar gehört hat, weiß nicht um das besondere Erlebnis, jene Erfahrung des »Unter-die-Haut-Gehens«, die nur durch den direkten Kontakt mit Tieren erreicht wird. Durch die Begegnung werden Erkenntnisse möglich, die vielleicht die Voraussetzung für die realistische Einschätzung von Tieren sind.

Wahre Tierliebe setzt Beobachtungsgabe, Lernbereitschaft und daraus resultierendes Nachdenken über Tiere und ihre Bedürfnisse voraus, und das sollte von Kindesbeinen an erfolgen. All das sind Bausteine, die zusammen mit pädagogischem Augenmaß das Fundament für ein späteres ökologisches Bewusstsein im Sinne von Nachhaltigkeit, Rationalität und Maßhalten ergeben.

Hellabrunner Pinguine.

Der Zoo muss noch anziehender werden

Es kann nicht Ziel eines Zoos sein, Besucher und besonders Kinder mit Detailwissen zu überfordern oder gar zu langweilen. »Lernen durch positives Erleben« lautet deshalb die Devise. Menschen werden am nachhaltigsten durch Naturerlebnisse für den Naturschutz begeistert – das ist eine hohe Anforderung an eine »öffentliche Zoodidaktik«. Bildung, die ein Zoo vermittelt, trägt zum Tier- und Naturschutz bei. Je attraktiver ein Zoo, desto mehr Menschen kommen und haben die Möglichkeit, eine Beziehung zur Tierwelt aufzubauen. Schon deshalb ist es mir ein persönliches Anliegen, die Attraktivität des Münchner Tierparks zu erhöhen. Die Besucherzahlen übertrafen in den letzten Jahren stets die des Vorjahres. Dieses Jahr sind wir sicher, die 1,5-Millionen-Besucher-Grenze überschreiten zu können. Um Informationen besser vermitteln zu können, wird ein Großteil der Gehegebeschilderung überarbeitet.

Farbenpracht im Hellabrunner Aquarium. Links ein Mandarinfisch, rechts ein Rotfeuerfisch.

Die Attraktivität des Geozoos

Die Organisation des Tierparks nach dem Prinzip des Geozoos soll auch konsequenter durchgeführt werden. Wenn man fragt, was an Hellabrunn besonders ist, wie sich der Münchner Tierpark von den Zoologischen Gärten oder Tierparks in anderen Städten abhebt, dann muss man an erster Stelle unser Geozoo-Prinzip nennen, das von Heinz Heck in Hellabrunn als Innovation eingeführt wurde. Der Münchner Tierpark war der erste Zoo überhaupt, der die Gehege nach der geographischen Herkunft der Tiere angeordnet hat. Das Prinzip soll in Zukunft für jeden Besucher leichter nachvollziehbar sein. Zu diesem Zweck werden – ohnehin notwendige – Veränderungen mit klarem Bezug auf das Modell Geozoo vorgenommen, etwa der Neubau eines Giraffenhauses. Derzeit leben die Giraffen mit einer afrikanischen Schweineart zusammen und in direkter Nachbarschaft zu Affen aus Südostasien, Südamerika und Madagaskar.

Auch das unübersichtliche Wegesystem Hellabrunns muss überarbeitet werden. Der Tierpark benötigt einen »Rundweg«, der vom Eingang aus einmal durch den ganzen Zoo zum Ausgang

Für Zoodirektor Knieriem wichtig: eine neue Giraffenanlage. Die Simulation zeigt, wie sie aussehen könnte.

Ausschnitt aus der Simulation der geplanten Anlage für Giraffen.

zurückführt. Dieser Plan, die Wegführung zu reorganisieren, bietet außerdem die Möglichkeit, das Prinzip des Geozoos neu zu profilieren. Zudem werden Servicebüros an beiden Eingängen eingerichtet, die Anlaufstationen für Wünsche, Beschwerden, Fragen und Anregungen der Besucher sein können. Wir möchten einerseits die zentralen Aufgaben des Tierparks so gut wie möglich miteinander verknüpfen, andererseits aber auch vermitteln, dass die Verantwortung den Tieren gegenüber den Besucherinteressen nicht entgegenläuft, sondern dass beides trotz der auf den ersten Blick manchmal gegensätzlichen Interessen durchaus miteinander korrespondiert.

Ein Vorteil: der natürliche Lebensraum

Bildung und Erholung sind im Zoo untrennbar miteinander verbunden. Wissen kann auf verschiedenen Wegen vermittelt werden, Verständnis und Interesse zu »säen«, ist ungleich

Wie in Natur verpackt: Luftaufnahme des Tierparks.

schwerer, aber wir bemühen uns sehr darum, das zu erreichen. Die Besucher sollen sich im Zoo aber auch erholen können. Während sich Zoologische Gärten in Deutschland in Innenstädten befinden und somit höchstens eine kleine grüne Oase im »Dschungel« der Großstädte sind, befindet sich der Münchner Tierpark, eingebettet in die Isarauen, in einem natürlichen Lebensraum und wahren Erholungsgebiet.

Orang-Utan-Männchen »Bruno« im Tierpark Hellabrunn.

deutschen Zoos überdurchschnittlich groß. Die Isarauen sind wegen ihrer großen Bedeutung als Lebensraum für viele heimische Tierarten unter besonderen Schutz gestellt worden, was für die Tierparkleitung eine besondere Herausforderung ist. Gehegeerweiterungen, Umbauten und dergleichen mehr können nicht ohne Weiteres vorgenommen werden, sondern müssen mit Rücksicht auf die Umwelt ausgeführt werden. Vorrang bei den geplanten Bauvorhaben hat eine funktionale und vor allem tiergerechte Architektur, die ältere Anlagen nach und nach ersetzen wird.

Hellabrunn – das Venedig der Zoos

Die beiden Hauptthemen der Hellabrunner Landschaft sind Wald und Wasser. Mit seinen sage und schreibe 25 Brücken ist Hellabrunn im Kreis der Tierparkkenner und Profis als »Venedig der Zoos« bekannt. Das 36 Hektar umfassende Gelände ist im Vergleich zu anderen

Grund für die nachhaltige Nutzung und Bewahrung des Lebensraums ist die Tatsache, dass Tiere wie die Kreuzotter oder das Mauswiesel in den Isarauen wieder vermehrt eine Zuflucht gefunden haben – was mit den Interessen des Tierparks durchaus konform geht. Ein weiteres Beispiel für die Integration Hellabrunns in die vorhandene Natur (oder umgekehrt: die Integration der heimischen Natur in den Tierpark) sind die Schwalben im Elefantenhaus. In einer symbiotischen Beziehung nutzen sie Wärme und gute Nistmöglichkeiten in den Ecken an der Decke des Hauses und befreien damit Elefanten und Besucher gleichermaßen von der sonst herrschenden Mückenplage. Die Nester werden von unseren Elefantenpflegern beobachtet und betreut, die Vögel fliegen allerdings völlig frei und überwintern auch stets im Süden, bis sie im Frühjahr dann nach und nach in Hellabrunn wieder ankommen.

Diese Kästen bieten Unterschlupf:
für Hornissen (unten) und Fledermäuse (oben).

Hellabrunn vereint Artenschutz, Bildung und Erholung in einer einzigartigen Landschaft, und das seit 100 Jahren. 100 Jahre Tierpark Hellabrunn – das ist ein wunderbarer Anlass, innezuhalten, zurückzuschauen, zu betrachten, was geleistet wurde, und aus der Vergangenheit Zukunftsvisionen zu entwerfen, die bei den Besuchern das Interesse für Natur- und Tierschutz nachwirkend wecken.

Blick auf die Hellabrunner Freianlage
für Elefanten, einmal ohne Elefantenhaus.

Das junge Hellabrunner Orang-Utan-Weibchen »Jula«, geboren 2002.

Chronologie 1905 – 1929

1905   Gründung des »Vereins Zoologischer Garten München«. Erster Vorsitzender ist Oberstleutnant a. D. Hermann Manz.

1906   Beschluss der Stadt München, Hellabrunn dem »Verein Zoologischer Garten« zur Anlage und zum Betrieb eines Zoologischen Gartens pachtweise und unentgeltlich auf die Dauer von 60 Jahren zu überlassen.

1911   Bau der Löwenterrasse und des Waldrestaurants. Architekt: Emanuel von Seidl. Eröffnung des Tierparks Hellabrunn. Erster Zoodirektor: Hermann Manz.

1913   Neben Hermann Manz wird Dr. von Malsen Zoologischer Direktor des Tierparks.

1914   Eröffnung des Dickhäuterhauses. Architekt: Emanuel von Seidl.

1922   Auflösung des »Vereins Zoologischer Garten München«; Schließung des Tierparks und Verkauf der Tiere; Kündigung des Pachtvertrages zwischen der Stadt München und dem »Verein Zoologischer Garten«.

1923   Eröffnung des Volksparks Hellabrunn.

1925   Im Oktober Versammlung eines »Hilfsbundes« der Münchner Einwohner mit dem Ziel der Wiedereröffnung des Tierparks Hellabrunn. Initiator: Georg August Baumgärtner.

1928   Eröffnung einer Tierschau in Hellabrunn, mit der für die Wiedereröffnung des Tierparks geworben wird. Ihr Erfolg führt zur Neugründung des Tierparks Hellabrunn. Heinz Heck wird Direktor des Tierparks (bis 1969).

1929   Gründung der Münchner Tierpark-Aktiengesellschaft. Kaufmännischer Direktor wird Carl Th. Schrembs (bis 1932).

Chronologie 1936 – 1981

1936   Eröffnung der Menschenaffenstation. Architekt: Max Koch.

1937   Eröffnung des Aquariums. Architekt: Max Koch.

1944   Schließung des Tierparks wegen anhaltender Bombenangriffe.

1945   Wiedereröffnung des Tierparks Hellabrunn wenige Wochen nach Kriegsende. Wiederaufbauphase bis Mitte der 50er Jahre.

1959   Max Alfred Zoll wird Kaufmännischer Direktor (bis 1973).

1961   Einrichtung eines neuen Haustiergartens. Lutz Heck wird Zweiter Zoologischer Direktor (1969 – 1971 alleiniger Zoologischer Direktor).

1969   Fritz Hirsch wird stellvertretender Kaufmännischer Direktor (1974 – 1992 alleiniger Kaufmännischer Direktor).

1971   Generalausbauplan zur Neugestaltung des Tierparks.

1972   Arnd Wünschmann wird Zoologischer Direktor (bis 1981).

1975   Eröffnung des Polariums und der Freianlagen für Robben. Architekt: Peter Lanz.

1977   Eröffnung des neuen Kindertierparks. 1. Fortschreibung des Generalausbauplans zur Neugestaltung des Tierparks.

1980   Eröffnung der Großvoliere für Vögel. Architekt: Jörg Gribl in Zusammenarbeit mit Frei Otto.

1981   Henning Wiesner wird Zoologischer Direktor des Tierparks (bis 2009).

Chronologie 1983 – 2010

1983 Neubau des Selbstbedienungsrestaurants mit Biergarten. Eröffnung des Niederaffenhauses mit Freigehege. Architekt: Jörg Gribl.

1985 Eröffnung des neuen Flamingo-Eingangs.

1987 2. Fortschreibung des Generalausbauplans zur Neugestaltung des Tierparks.

1988 Fertigstellung des Wirtschaftshofes mit Quarantänestation.

1990 Eröffnung des Panzernashorn- und Tapirhauses. Architekt: Herbert Kochta in Zusammenarbeit mit Hans Lechner.

1992 Erwin Kufner wird Kaufmännischer Direktor des Tierparks (bis 2001).

1993 Eröffnung der Villa Dracula. Architekt: Herbert Kochta.

1996 Fertigstellung des Dschungelzeltes. Architekt: Herbert Kochta.

1997 Eröffnung des Insektariums und Schildkrötenhauses. Architekt: Herbert Kochta.

2001 Eröffnung des Urwaldhauses. Architekt: Herbert Kochta. Hans-Johann Färber wird Kaufmännischer Direktor des Tierparks (bis 2006).

2006 Walter Schmid wird Kaufmännischer Direktor des Tierparks.

2007 Eröffnung des Tier-, Natur- und Artenschutzzentrums. Eröffnung der umgebauten Orang-Utan-Anlage mit großem Außengehege.

2009 Andreas Knieriem wird neuer Zoologischer Direktor des Tierparks.

2010 Eröffnung der neuen Eisbärenanlage im Polarium. Architekt: Peter Lanz.

Zoodirektor Andreas Knieriem mit »Jamuna Toni« im Elefantenhaus.

Anregende und weiterführende Literatur für interessierte Leser

Mensch, Tier und Zoo
Der Tiergarten Schönbrunn im internationalen Vergleich vom 18. Jahrhundert bis heute
Mitchell G. Ash (Hrsg.); Böhlau Verlag, 2008

Zoo. Von der Menagerie zum Tierpark
Eric Baratay / Elisabeth Hardouin-Fugier, aus dem Französischen von Matthias Wolf;
Verlag Klaus Wagenbach, 2000

Tierische Geschichte
Die Beziehung von Mensch und Tier in der Kultur der Moderne
Dorothee Brantz / Christof Mauch (Hrsg.); Ferdinand Schöningh, 2010

Carl Hagenbeck (1844 – 1913)
Tierhandel und Schaustellungen im Deutschen Kaiserreich
Lothar Dittrich / Annelore Rieke-Müller; Peter Lang, 1998

Die Kulturgeschichte des Zoos
Lothar Dittrich / Dietrich von Engelhardt / Annelore Rieke-Müller (Hrsg.);
VWB – Verlag für Wissenschaft und Bildung, 2001

Nilpferde an der Isar
Die Geschichte des Tierparks Hellabrunn in München
Michael Kamp / Helmut Zedelmaier (Hrsg.); Buchendorfer Verlag, 2000

Carl Hagenbeck
Haug von Kuenheim; Ellert & Richter Verlag, 2. Auflage 2009

Der Löwe brüllt nebenan
Die Gründung Zoologischer Gärten im deutschsprachigen Raum 1833 – 1869
Annelore Rieke-Müller / Lothar Dittrich; Böhlau Verlag, 1998

The Animal Estate
The English and Other Creatures in the Victorian Age
Harriet Ritvo; Harvard University Press, 1987

Savages and Beasts
The Birth of the Modern Zoo
Nigel Rothfels; The Johns Hopkins University Press, 2002

Dank

»Autoren schreiben keine Bücher«, hat der französische Historiker Roger Chartier einmal gesagt, »nein, sie schreiben Texte, die zu gedruckten Objekten werden«. Auch unser Schreiben verdankt seine Präsenz als Buch ganz wesentlich der Zusammenarbeit mit vielen Menschen. Von Anfang an stieß unsere Idee, ein Buch zum 100. Geburtstag des Tierparks Hellabrunn zu machen, bei Verlag und Zooleitung auf ein starkes Interesse. Mitarbeiter des Tierparks haben uns ohne Umstände mit wichtigen Informationen versorgt. Dafür danken wir besonders Adelheid Heim, Bettina Kirchgässler und Carsten Zehrer. Andreas Knieriem, der neue Direktor von Hellabrunn, hatte trotz knapp bemessener Zeit stets ein offenes Ohr für unsere Fragen. Im Abschnitt »Gegenwart und Zukunftsvision« kommt er selbst zu Wort. Verschiedene Archive trugen dazu bei, dass das Buch reich mit historischen Bildern ausgestattet werden konnte. Neben dem Tierparkarchiv haben wir vor allem dem Stadtarchiv und dem Stadtmuseum München zu danken. Auch private Zoofreunde wie Berta Huber und ihr 2010 verstorbener Ehemann Walter Huber überließen uns zahlreiche Bilder. Ohne die kompetente und präzise Arbeit von Nina Andres und Gerhard Versen wäre aus all dem nicht die, wie wir meinen, schöne und einprägsame Buchgestalt geworden. Lebendig jedoch kann auch dieses Produkt der Arbeit vieler Menschen nur werden, wenn Leser ihm Leben einhauchen.

München, im Dezember 2010
Helmut Zedelmaier und Michael Kamp

Register

a Affenpavillon .... 30 f.
Aquarium .... 70 ff.
Aquarium, Münchener .... 25 f.
Artenschutz-Netzwerk 129
Artenschutz, globaler .... 125 ff.
Artenschutzprogramme .... 98 ff.
Arterhaltung 64
Artgerechte Haltung .... 99 ff.

b Bärenbastarde .... 64 f.
Bärenzwinger 30
Besucherzahlen 89
Beutesimulator 108
Bombenschäden .... 81 f.
Bonobos .... 78 ff.
Borscht, Wilhelm Ritter von .... 42 f.

c Connaughton, Frank 85

d Dickhäuterhaus .... 31, 54 ff.
Distanzimmobilisation .... 110 f.

e Ehlbecksche Menagerie 16
Eisbärenanlage .... 118 f.
Eisbärennachwuchs .... 119 f.
Elefantenhaus 39, 42, 45, 85, 94
Ethikkommission 100, 118
European Association of Zoos
  and Aquaria 127
Exeter Change 25

f Fitzinger, Leopold Joseph 22
Forschung .... 114 f.
Füttern .... 105 ff.

g Gassner, Johann Baptist 26
Gefährdete Tiere 128
Gen-Reservat 125
Geozoo .... 62 ff., 71
Geozoo-Prinzip 132
Gribl, Jörg 69, 96
Gründungen bürgerlicher Zoos 23
Grzimek, Bernhard .... 124 f.

h Hagenbeck, Carl .... 32 f., 59, 124
Hagenbeck, Heinrich 59
Hagenbecks Tierhandel .... 32 ff.
Hagenbecks Tierpark .... 33 ff., 36
Handlungs-Menagerie 32
Heck, Heinz ....59 ff., 64 f., 68, 76, 78 ff.,
 .... 84 ff., 92 f., 98, 101, 105, 107, 132
Hediger, Heini .... 36 ff.
Hellabrunner Mischung .... 110 f.
Helmut-Horten-Stiftung 90
Hilfsbund Münchner Bürger 59
Hirsch, Fritz 91

i Immersionsgehege .... 35 f., 39

j Jamuna Toni .... 115 ff.
Jardin des Plantes 17

k Kakadu Lora .... 86 f.
Kern, Helmut 121
Kindertierpark .... 104 f.
Knieriem, Andreas .... 116, 118, 123 ff.
Knut 119
Koch, Max .... 70 ff.
Kochta, Herbert .... 96 ff.
Kolonialismus 31
Kreutzbergische Menagerie 16
Kriegsbeginn 77
Kriegsdienst 74
Kriegsende .... 84 f.
Kriegswinter .... 75 f.
Kronawitter, Georg 104
Kurfürst Max Emanuel 14
Kurfürst Max III. Joseph 14

l Landschaftsgarten 22
Landschaftspanorama 34
Lanz, Peter 118
Linné, Carl von 10
Londoner Zoo .... 17 f.
Lora .... 86 f.
Löwenterrasse .... 53 f., 94
Ludwig XIV. 13
Luftangriffe 81

m Makaken 31
Malferteiner 27
Manuel I. von Portugal 16
Manz, Hermann 42, 124
Menagerie Schönbrunn .... 10, 13 f.
Menagerien 16
Menagerien, fürstliche .... 13 f., 25, 39
Menagerien, städtische .... 25 ff.
Menageristen 27
Menschenaffen .... 10 ff., 68 ff., 78 f.
Menschenaffenhaus .... 68 ff.
Menschenaffenstation 94
Métivier, Jean Baptiste .... 18 ff.
Mhorrgazelle .... 98 f.
Münchner Tierpark Aktiengesellschaft 61

n Nachzüchtungen .... 64 f., 85 f.
Narkosegewehre 111
Narkosemittel 111
Narkosepfeile 111
Nationalsozialismus .... 80 f.
Naturschutz 131
Naturschutzprogramme .... 98 f.
Nordland-Panorama 50

o Orang-Utan-Zwillinge 90
Otto, Frei 96

p Panoramaanlagen .... 34, 52 ff., 63
Polarium .... 52, 95, 118 f.
Prinzregent Luitpold .... 43 ff.
Prinzregentengehege .... 52 f.
Przewalski-Pferde 64, 98

r Regent's Park 17
Rote Liste gefährdeter Tierarten 128
Roth, Hermann 50
Roths Tierparkführer 50, 53

s Seidl, Emanuel von .... 44 ff., 50, 53 ff.
Seltene Tiere in Hellabrunn 121
Singer, Peter 8
Sokolowsky, Alexander 35
Stellinger Tierpark .... 33 ff., 59, 124
Streichelgehege .... 105 f.

t Tierbestand, Hellabrunner 93
Tiergartenbiologie 36, 39
Tierhändler 32
Tierparkarchitekten .... 96 f.
Tierparkschule 101
Tierpfleger .... 111 ff.
Tierschutz 64, 125
Tierzuchtfarm 64
Tigerlöwen .... 64 f.

u Urbanisch, Hans 83

v Verein Zoologischer Garten .... 42 ff., 55
Versailles, Parkanlage von 13
Völkerschauen 24

w Waldrestaurant .... 24, 44 f., 83 f.
Wandermenagerien .... 16, 26 ff.
Wiederaufbau .... 85 f.
Wiesner, Henning 92, 99, 110 f., 115, 118, 123
Wissenschaftsprinzip 30
Wünschmann, Arnd 92

z Zoll, Alfred .... 73 ff., 85
Zooarchitektur 35
Zoodidaktik 131
Zookonzept 34
Zoological Society 17
Zoologische Klassifikation 10
Zoos, bürgerliche .... 17 f., 23
Zooschule 101
Zootierhaltung, artgerechte 100
Zootierpfleger .... 111 ff.
Züchtungsprogramme .... 64 f.
Züchtungsprojekte .... 98 f.

Bildnachweis/Impressum

Umschlaggestaltung: Gerhard Versen, Atelier Versen, Studio für Grafik Design, Bad Aibling; S. 2, 134/135: Gerhard Versen; S. 4, 22 u., 42, 43 li., 44 u., 46/47, 54, 77: Stadtarchiv München; S. 6: Landesmuseum, Hannover (Max Slevogt, „Mädchen vor dem Löwenkäfig", 1901); S. 8, 39 li., 68, 70 re., 72, 73, 84: Walter Huber; S. 9: Bildarchiv Neumann & Kamp Historische Projekte, N.N., „Fremde Thiere"; S. 24 li., 26 li., 27 re., 31 li. u.: Bildarchiv Neumann & Kamp Historische Projekte; S. 10: Bridgeman Art Library Ltd., Berlin (Emmanuel Fremiet, „Gorilla Abducting a Woman"; Steinstatue, schwarz-weiß Foto/ Jardin des Plantes, Paris, France); S. 11 o.: Bibliothek für Bildungsgeschichtliche Forschung des Deutschen Instituts für Internationale Pädagogische Forschung / Pictura Paedagogica Online („Orang outang", Kupferstich aus: Lorentz, Johann Gotthilf, Lesebuch für die Jugend der Bürger und Handwerker: Zum Gebrauch in Schulen und beym häuslichen Unterricht nach dem Muster des Rochowischen Lesebuchs für Landschulen, Bd. 1, Tafel IV, Anhang); S. 12: prometheus – Das verteilte digitale Bildarchiv für Forschung & Lehre e.V. (UHI, Kriegspostkarte Nr. 26; Bicko, 1914); S. 13 li.: Bibliothek für Bildungsgeschichtliche Forschung des Deutschen Instituts für Internationale Pädagogische Forschung / Pictura Paedagogica Online (Ziehnert, Johann Gottlieb, „Fremde Thiere", 1822); S.13 re.: Bildarchiv Neumann & Kamp Historische Projekte, Antoine Aveline, Veuë et Perspective du Salon de la Menagerie de Versailles; S. 14 li.: Stefan Reicheneder; S. 14 re.: Bayerische Verwaltung der staatlichen Schlösser, Gärten und Seen, München, Schloss Nymphenburg; S. 15: Stadtmuseum München (Sammlung Graphik/ Plakat/ Gemälde, Inventarnummer G-P731); S. 17 li.: Bildarchiv Neumann & Kamp Historische Projekte, James Forbes, Jardin des Plantes; S. 17 re.: Bildarchiv Neumann & Kamp Historische Projekte, N. N., A View of the Zoological Gardens in Regent's Park, London, 1835; S. 18: Bildarchiv Neumann & Kamp Historische Projekte, N. N.; S. 19, 20/21, 22 o.: Leopold Fitzinger: Führer durch den Zoologischen Garten in München, München, 1864; S. 24 re.: Tierpark Hellabrunn, Archiv; S. 25: Bildarchiv Neumann & Kamp Historische Projekte, N. N., Royal Menagerie, Exeter Change, Strand, London; S. 26 re.: Bildarchiv Neumann & Kamp Historische Projekte, N. N., Auf vielfaches Verlangen; S. 27 li.: Bildarchiv Neumann & Kamp Historische Projekte, N. N., Grosse Menagerie; S. 28/29: Bildarchiv Neumann & Kamp Historische Projekte, Otto von Ruppert, Auer Dult, 1873; S. 32: Bildarchiv Neumann & Kamp Historische Projekte, N. N., Carl Hagenbeck's Handelsmenagerie und Thierpark; S. 33: Tierpark Hagenbeck, Hamburg (Götz Berlik); S. 34 re.: Tierpark Hagenbeck, Hamburg (Hagenbeck); S. 38: Helmut Zedelmaier; S. 39 re.: Süddeutsche Zeitung Photo (Alfred Strobel); S. 44 o.: Bayerisches Hauptstaatsarchiv, München; S. 11 u., 24 re., 29 re., 30 re., 31 li. o., 31 re., 34 li., 35, 36, 37, 40, 43 re., 45, 48, 49 li., 49 re., 50 o., 50 u., 51 o., 51 u., 52 o., 52 li., 53, 56/57, 59 li. 59 re., 61, 62, 64 o., 65 u., 66/67, 69, 71, 74, 75 li., 75 re., 76, 78, 79, 80, 82, 83, 85, 87 li., 87 re., 88, 91, 92, 94/95, 95 re., 96 li., 96 re., 97, 98, 99, 102/103, 104 li., 105 re., 106 o., 106 u., 108 li., 108 re., 110, 111, 112, 113, 115, 116, 117, 119, 120, 124, 125 o., 125 u., 127, 130 li., 131, 132, 133 li., 134 li., 135 re., 136: Tierpark Hellabrunn, München: Archiv; S. 58, 60: Interfoto (Pulfer); S. 63, 64 u., 65 o.: Berta Huber; S. 70 li.: K. Fiehler (Hrsg.), München baut auf, München; S. 101, 105 li.: Bildarchiv Neumann & Kamp Historische Projekte (Anna Pezold); S. 104 re.: Gabriele Murrer; S. 122, 129, 130 re.: Petra Schramek; S. 126: Michael Zuche; S. 133 re.: Florian Wagner (www.wagnerphoto.de); S. 140: Michael Westermann

Autoren und Verlag haben sich bemüht, alle Urheber der abgebildeten Fotos zu ermitteln. Falls jemand ein Bild von sich erkennt, das nicht erwähnt wurde, bitten wir um Nachricht an den Verlag.

ISBN 978-3-8094-2718-6

© 2011 by Bassermann Verlag, einem Unternehmen der Verlagsgruppe Random House GmbH, 81673 München

Die Verwertung der Texte und Bilder, auch auszugsweise, ist ohne Zustimmung des Verlags urheberrechtswidrig und strafbar. Dies gilt auch für Vervielfältigungen, Übersetzungen, Mikroverfilmung und für die Verarbeitung mit elektronischen Systemen.
Umschlaggestaltung, Layout und Satz: Atelier Versen, Bad Aibling
Projektleitung: Herta Winkler
Redaktion: Nina Andres
Mitarbeit: Anna Pezold und Christoph Cegla
(Neumann & Kamp Historische Projekte)
Korrektur: Barbara Kohl
Herstellung: Sonja Storz

Verlagsgruppe Random House FSC®-DEU-0100
Das für dieses Buch verwendete FSC®-zertifizierte Papier *LuxoArtSilk* liefert Sappi, Biberist, Schweiz.

Druck und Bindung: Polygraf print, Presov

Printed in Slowakia
817 2635 4453 6271